Reinhold Neitzel

Entwicklung wissensbasierter Systeme für die Vorrichtungskonstruktion

Aus dem Programm Konstruktion

Roloff/Matek, Maschinenelemente,
Normung, Berechnung, Gestaltung
Lehrbuch von W. Matek, D. Muhs und H. Wittel

Fertigungsgerechtes Gestalten in der Feinwerktechnik,
Fertigungsverfahren, Werkstoffe, Konstruktion,
Lehrbuch von S. Hildebrand und W. Krause

Konstruieren und Gestalten,
von H. Hintzen, H. Laufenberg, W. Matek, D. Muhs und H. Wittel

Handbuch Vorrichtungen, Konstruktion und Einsatz,
von H. Matuzewski

CAD-Systeme,
Grundlagen und Anwendungen der geometrischen Datenverarbeitung,
Studienbuch von E. Lacher

Rechnerunterstützte Gestaltung und Darstellung dreidimensionaler technischer Gebilde mit beliebig geformten Oberflächen,
von H.-F. Peters

Die Methode der Finiten Elemente,
3 Bände, von J. Argyris und H. P. Mlejnek

Vieweg

Fortschritte der CAD-Technik 2

Reinhold Neitzel

ENTWICKLUNG **WISSENSBASIERTER SYSTEME** FÜR DIE VORRICHTUNGS-KONSTRUKTION

Herausgegeben von Rudolf Koller

CIP-Titelaufnahme der Deutschen Bibliothek

Neitzel, Reinhold:
Entwicklung wissensbasierter Systeme für die
Vorrichtungskonstruktion / Reinhold Neitzel.
Hrsg. von Rudolf Koller. – Braunschweig;
Wiesbaden: Vieweg, 1990
(Fortschritte der CAD-Technik; 2)
Zugl.: Aachen, Techn. Hochsch., Diss.
ISBN 978-3-528-06384-9 ISBN 978-3-322-88805-1 (eBook)
DOI 10.1007/978-3-322-88805-1
NE: GT

Fortschritte der CAD-Technik

Exposés oder Manuskripte zu dieser Reihe werden zur Beratung erbeten unter der Adresse:
Verlag Vieweg, Postfach 5829, D-6200 Wiesbaden

Herausgeber:
Univ.-Prof. Dr.-Ing. *Rudolf Koller*
Lehrstuhl und Institut für Allgemeine Konstruktionstechnik des Maschinenbaus,
RWTH Aachen

Der Verlag Vieweg ist ein Unternehmen der Verlagsgruppe Bertelsmann International.

Umschlaggestaltung: Wolfgang Nieger, Wiesbaden

ISBN 978-3-528-06384-9

Meinen lieben Eltern

Vorwort

Die vorliegende Arbeit entstand während meiner Tätigkeit als wissenschaftlicher Mitarbeiter am Laboratorium für Werkzeugmaschinen und Betriebslehre (WZL) der Rheinisch-Westfälischen Technischen Hochschule Aachen.

Herrn Professor Dr.-Ing. Dipl.-Wirt. Ing. W. Eversheim, dem Leiter des Lehrstuhls für Produktionssystematik am obengenannten Institut, danke ich für die wohlwollende Unterstützung und großzügige Förderung, die die Durchführung dieser Arbeit ermöglichte.

Herrn Professor Dr. rer. nat. M. M. Richter und Herrn Professor Dr.-Ing. M. Weck danke ich für die eingehende Durchsicht der Dissertation und für die sich daraus ergebenden Anregungen.

Mein Dank gilt ebenfalls Herrn Dipl.-Ing. B. Dahl, einem Oberingenieur des Instituts, und Herrn Dipl.-Inform. N. Kratz für ihre wertvollen Anregungen während der Anfertigung dieser Arbeit. Den Mitarbeitern des VDI-Arbeitskreises Vorrichtungen danke ich für die zahlreichen Hinweise aus der Praxis des Betriebsmittelwesens.

Weiterhin bedanke ich mich bei allen Mitarbeitern des Instituts, die mich durch ihre Anregungen und ihre stete Einsatzbereitschaft unterstützt haben. Diesen Dank möchte ich insbesondere Herrn Dipl.-Ing. C. Kerst, Herrn Dipl.-Ing. Dipl.-Wirt. Ing. W. Liskien, Herrn Dipl.-Ing. D. Suttrop, Herrn Dipl.-Ing. J. Gebel, Herrn Dipl.-Ing. U. Schmitz, Herrn Dipl.-Inform. C. Jostes, Herrn cand. ing. S. Schumacher, Frau P. Lürken und Frau D. Tebbe aussprechen.

Aachen, im Dezember 1989 *Reinhold Neitzel*

Inhaltsverzeichnis

Lebenslauf

Persönliches:	Reinhold Neitzel geb. am 27. Oktober 1958 in Essen Eltern: Bonaventura Neitzel Grete Neitzel geb. Brors
Schulbildung:	1965–1968 Grundschule in Duisburg 1968–1969 Hauptschule in Duisburg 1969–1975 Realschule Süd in Duisburg 1975–1978 Reinhard und Max Mannesmanngymnasium in Duisburg Abiturzeugnis vom 12.06.1978
Wehrdienst:	03.07.1978–30.09.1979
Studium:	WS 79/80–WS 81/82 Maschinenbau an der Universität-Gesamthochschule Duisburg WS 81/82–WS 83/84 Maschinenbau, Fachrichtung Fertigungstechnik an der Rheinisch-Westfälischen Technischen Hochschule Aachen Diplomzeugnis vom 13.04.1984 WS 83/84–WS 85/85 Aufbaustudium Wirtschaftswissenschaft in Aachen Diplomzeugnis vom 07.05.1986
Berufstätigkeit:	6 Monate Maschinenbaupraktikum in verschiedenen Industriebetrieben 3 Monate Arbeitsaufenthalt 1984 in USA 15.10.1984–31.10.1985 wissenschaftliche Hilfskraft am Laboratorium für Werkzeugmaschinen und Betriebslehre (WZL) der RWTH Aachen, Lehrstuhl für Produktionssystematik, Lehrstuhlinhaber: Prof. Dr.-Ing. Dipl.-Wirt. Ing. Walter Eversheim 01.11.1985–31.07.1989 wissenschaftlicher Mitarbeiter am gleichen Lehrstuhl

1. Einleitung

Eine wesentliche Voraussetzung für die Automatisierung von Fertigungsprozessen ist die durchgängige Informationsverarbeitung von der Konstruktion bis zur Montage. Dabei standen bisher die direkt dem Werkstück zuzuordnenden Daten im Vordergrund. Vereinfacht dargestellt erfolgt zunächst die Konstruktion der Werkstücke am CAD-System (CAD = Computer Aided Design), dann wird interaktiv der Arbeitsplan erstellt, und anschließend werden automatisch die NC-Steuerdaten (NC = Numerical Control) abgeleitet. Nach der Einlastung des Auftrages in den Fertigungsbereich mit Hilfe eines PPS-Systems (PPS = Produktionsplanung und -steuerung) kann die Bearbeitung durchgeführt werden /1-6/.

Die oben beschriebene Vorgehensweise wird heute von Rechnerherstellern und Forschungsinstituten in weniger als einer Stunde demonstriert. Eine Bedingung zur Realisierung kurzer Durchlaufzeiten ist jedoch vielfach die Verfügbarkeit der benötigten Vorrichtungen.

Aufgrund individueller Werkstückgeometrien und Bearbeitungsaufgaben werden immer häufiger werkstückspezifische Vorrichtungen benötigt. Damit ist jedoch die Kette der schnellen Informationsverarbeitung von der Konstruktion bis zur Montage zunächst einmal unterbrochen. In Abstimmung mit der Arbeitsplanung müssen vom Betriebsmittelbereich eines Unternehmens die erforderlichen Vorrichtungen erstellt werden, bevor die Fertigung der Werkstücke beginnen kann /7-11/.

Die Zeiten für die Vorrichtungsbereitstellung können sehr unterschiedlich sein. Sie reichen von wenigen Minuten für die Auswahl von Standardspannmitteln bis zu ca. 18 Monaten für die Planung, Konstruktion und Fertigung komplexer Montagevorrichtungen im Karosseriebau /11/. Eine Folge des hohen zeitlichen Aufwands für die Vorrichtungsbereitstellung sind Verzögerungen bei der Anpassung von Fertigungsprozessen an geänderte Anforderungen. Eine große Anzahl von Bearbeitungsmaschinen, Handhabungsgeräten und Transporteinrichtungen kann durch einfache Änderungen der NC-Programme z. B. auf die Fertigung von Produktvarianten umgestellt werden. Die hohe Flexibilität der Anlagen kann vielfach nicht voll genutzt werden, da die benötigten Vorrichtungen nicht zur Verfügung stehen /8-10,12,13/.

In der Vergangenheit wurden bereits Lösungsansätze entwickelt, um den mit der Vorrichtungserstellung verbundenen Zeit- und Kostenaufwand zu senken (Bild 1). Es wurden z. B. Spannmaschinen entwickelt, die mittels NC-gesteuerter Achsen an das Werkstück ange-

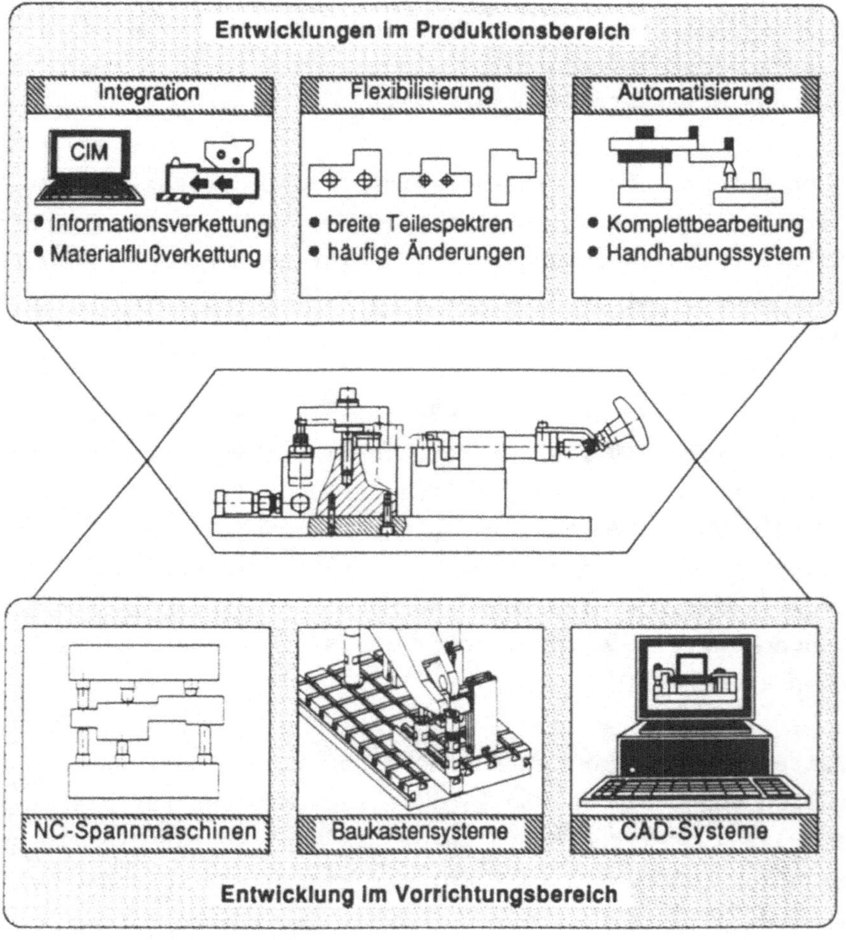

Bild 1: Entwicklungstendenzen im Produktions- und Vorrichtungsbereich

paßt werden können. Auch wenn dieses Prinzip gut geeignet ist für bestimmte Teilefamilien, so ist die Flexibilität hinsichtlich eines größeren Werkstückspektrums eingeschränkt. Ebenso bestehen Nachteile im Hinblick auf die erzielbaren Steifigkeiten der Positionierpunkte. Ein weiterer Nachteil sind die hohen Investitionskosten für Spannmaschinen /10/.

Eine andere Entwicklungsrichtung stellt die Standardisierung von Vorrichtungselementen dar. Besonders für den Bereich der spanenden Fertigung wurden Baukastensysteme bestehend aus universellen wiederverwendbaren Elementen entwickelt. Damit konnte der Konstruktionsaufwand für Vorrichtungen erheblich reduziert werden. Der Fertigungsaufwand für die Vorrichtungen beschränkt sich auf die einmalige Anfertigung der Vorrichtungselemente.

Wirkungsvoll unterstützt wird der Einsatz standardisierter Vorrichtungselemente durch CAD-Systeme. Durch die wiederholte Nutzung gespeicherter Vorrichtungselementdaten für neue Konstruktionsaufgaben können die Konstruktionszeiten erheblich reduziert weden. Ein weiterer Vorteil bei der Anwendung der CAD-Systeme liegt darin, daß für die Vorrichtungskonstruktion direkt die Werkstückgeometrie aus der Produktkonstruktion übernommen werden kann /14-19/.

Trotz der genannten Fortschritte ist die Vorrichtungskonstruktion mit einem hohen Aufwand verbunden. Dieser Aufwand ergibt sich aus den komplexen Anforderungen, die heute an Vorrichtungen gestellt werden. In Bild 2 sind einige der Anforderungen, die sowohl an die Gesamtvorrichtung als auch an die einzelnen Funktionselemente gestellt werden, dargestellt. Dabei muß berücksichtigt werden, daß viele dieser Anforderungen gegenläufig sind. Eine gute Funktionserfüllung steht z. B. häufig der Forderung nach einer geringen Elementezahl und kurzen Konstruktionszeiten entgegen.

Die Hauptaufgabe des Vorrichtungskonstrukteurs besteht daher weniger darin, Konstruktionsdetails maßstäblich darzustellen, sondern sie liegt in der Entwicklung von Lösungen, die einem Spektrum unterschiedlicher Anforderungen gerecht werden. Eine Unter-

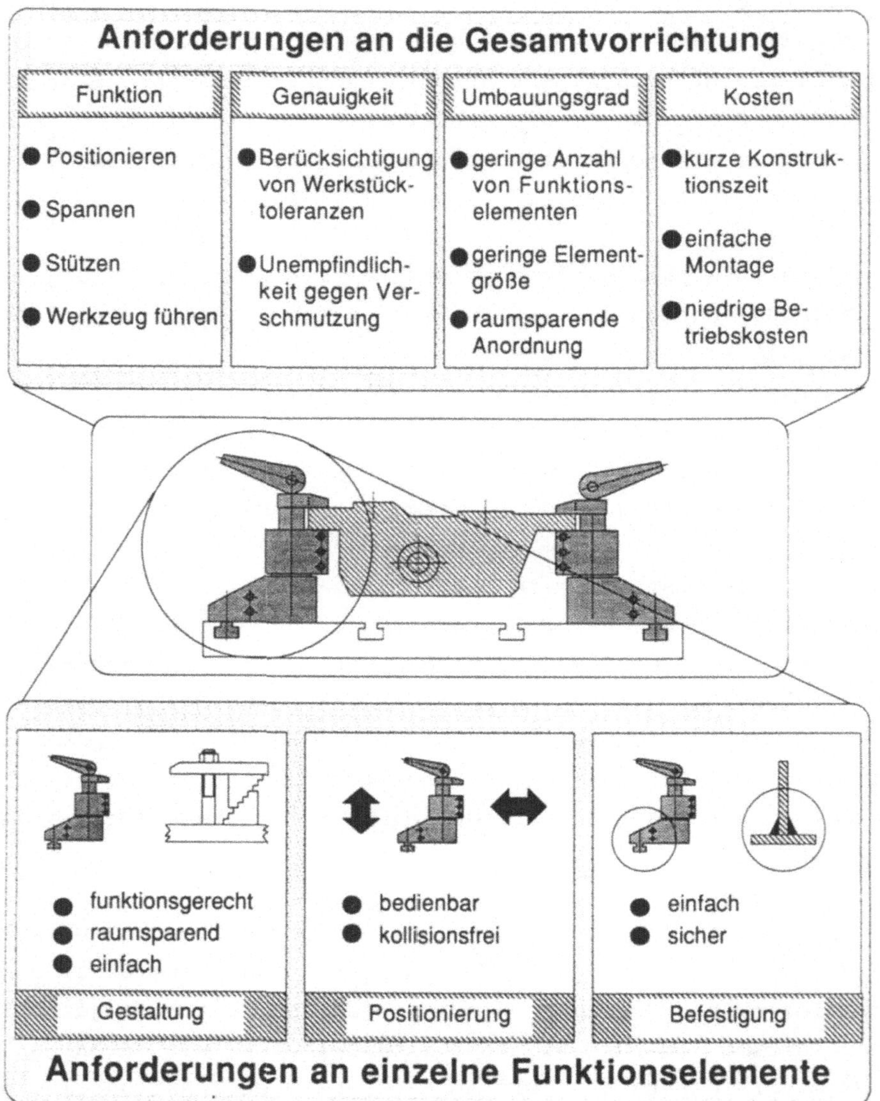

Bild 2: Bei der Vorrichtungskonstruktion zu berücksichtigende Anforderungen

stützung des Vorrichtungskonstrukteurs bei dieser Aufgabe ist mit den heute vorhandenen Hilfsmitteln nur eingeschränkt möglich. Eine Automatisierung und Beschleunigung der Vorrichtungskonstruktion ist aus diesem Grunde nur erreichbar, wenn es gelingt, das zur Lösungsfindung erforderliche Wissen auf dem Rechner verfügbar zu machen.

Im Rahmen dieser Arbeit sollen hierzu Methoden entwickelt werden. Dabei müssen mehrere Teilaufgaben gelöst werden. Da das Erfahrungswissen des Vorrichtungskonstrukteurs nur ansatzweise in der Literatur dokumentiert ist, müssen Methoden zur Gewinnung und Analyse des Konstruktionswissens gefunden werden. Weiterhin ist zu ermitteln, wie dieses Wissen formal dargestellt werden kann, damit eine effiziente Verarbeitung im Rechner möglich wird. Neben der Wissensgewinnung und Wissensrepräsentation ist dann die Implementierung wissensbasierter Systeme für die Vorrichtungskonstruktion die dritte Teilaufgabe, die zum Umfang der vorliegenden Arbeit zählt /20-24/.

2. Grundlagen

2.1 Aufgaben der Vorrichtungskonstruktion

Der Bedarf an Vorrichtungen ergibt sich einerseits aus der Vielzahl unterschiedlicher Werkstücke und andererseits aus der begrenzten Flexibilität der Fertigungseinrichtungen. Werkstücke sind gekennzeichnet durch unterschiedliche Geometrien, Materialien und Bearbeitungsanforderungen. Demgegenüber sind die Fertigungseinrichtungen im Hinblick auf die Schnittstellen zum Werkstück, die anwendbare Bearbeitungstechnologie und ihre Kinematik nur eingeschränkt nutzbar /25,26/.

Als Verbindungsglied zwischen Werkstück und Fertigungseinrichtung erfüllen Vorrichtungen unterschiedliche Zielsetzungen (Bild 3). Besonders in der spanenden Fertigung können viele Werkstücke nur bearbeitet werden, wenn sie durch entsprechende Vorrichtungen gespannt werden /25/.

Vorrichtungen werden aber auch eingesetzt, um den Fertigungsprozeß zu optimieren. Zahlreiche Werkstücke könnten z. B. mit einfachen Spannmitteln auf den Maschinentischen von Werkzeugmaschinen befestigt werden. Oft ist dann jedoch ein zeitaufwendiges Ausrichten vor der Bearbeitung notwendig. Durch Vorrichtungen mit integrierten Positionierelementen können besonders bei großen Stückzahlen diese Zeiten reduziert werden /25/.

Die Erweiterung des Fertigungsprozesses ist die dritte Zielsetzung beim Vorrichtungseinsatz. Durch die Abstützung dünnwandiger Werkstücke kann z. B. die Fräsbearbeitung technologisch erweitert, d. h. der Einsatzbereich des Fräsens vergrößert werden. Dagegen wird von geometrischer Erweiterung gesprochen, wenn z. B. durch spezielle Vorrichtungen die Fertigung übergroßer Werkstücke ermöglicht wird /27,28/.

Aufgabe des Vorrichtungskonstrukteurs ist es, die Vorrichtungen so zu gestalten, daß die o. g. Zielsetzungen erreicht werden. Vorab muß jedoch entschieden werden, welcher Vorrichtungstyp ein-

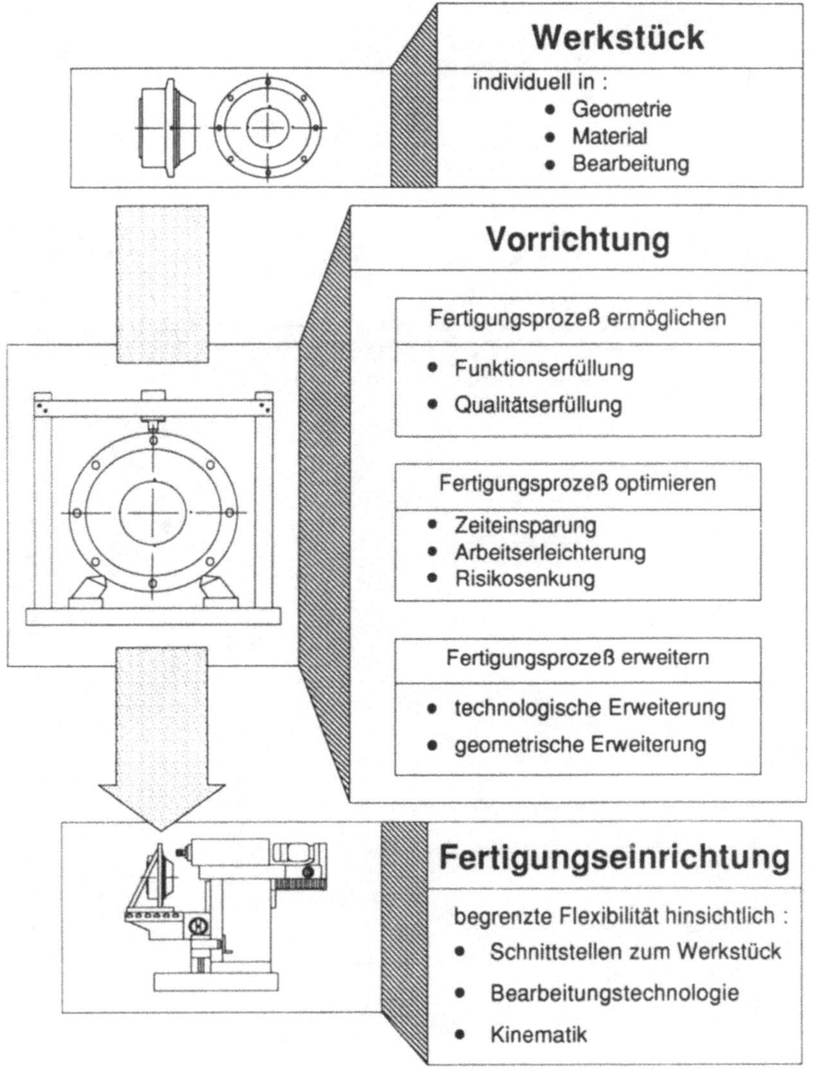

Bild 3: Gründe für die Erstellung von Vorrichtungen

gesetzt werden soll (Bild 4). Als Entscheidungshilfe können hierbei multivariate Methoden benutzt werden /11/.

Zur Auswahl stehen vier Vorrichtungsgrundtypen, wobei auch Mischformen möglich sind. Standardvorrichtungen, wie z. B. Dreibackenfutter, sind universelle Hilfsmittel, die nicht an ein spezielles Werkstück gebunden sind. Sie können ohne weiteren Kon-

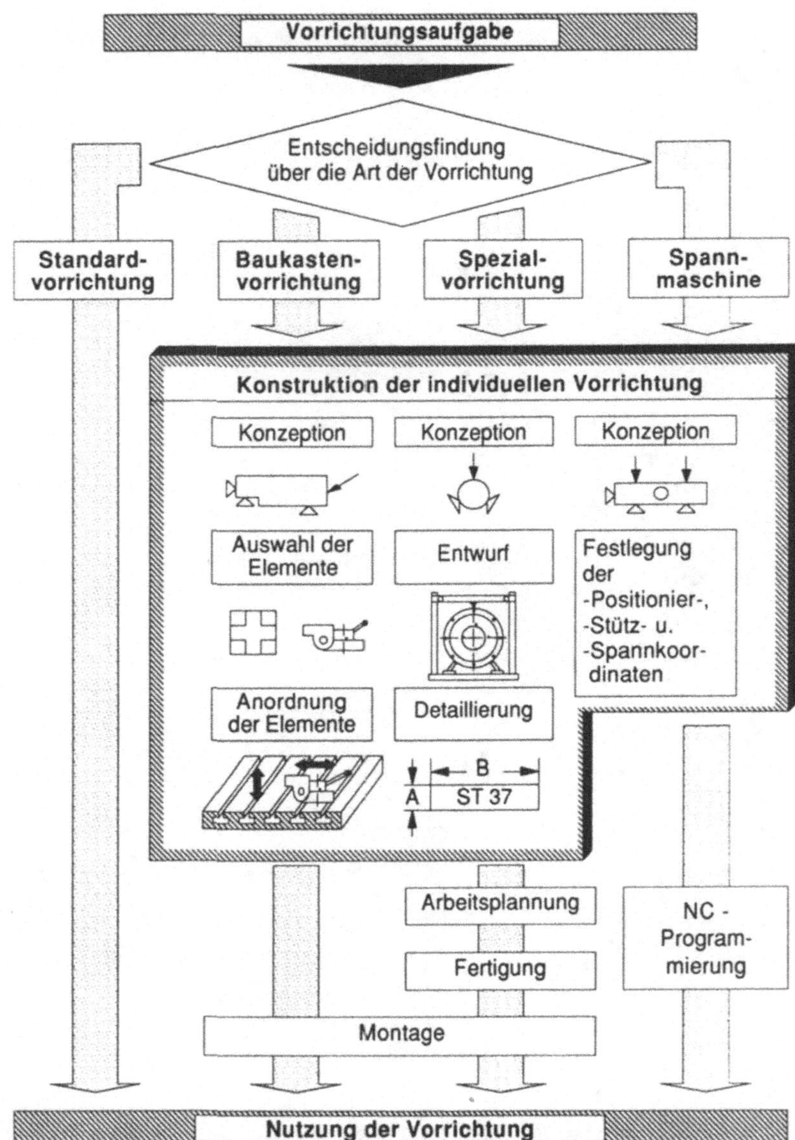

Bild 4: Aufgaben in der Vorrichtungskonstruktion

struktions- und Fertigungsaufwand wiederholt eingesetzt werden. Aufgrund ihrer hohen Standardisierung können sie jedoch individuellen Anforderungen, wie der exakten Positionierung komplexer Werkstückgeometrien, nicht gerecht werden /29/.

Wesentlich flexibler einsetzbar sind Baukastenvorrichtungen. Durch die anwendungsspezifische Kombination standardisierter Elemente können sie an das einzelne Werkstück und die damit verbundenen Bearbeitungs- und Handhabungsanforderungen angepaßt werden. Der hierdurch entstehende Konstruktionsaufwand betrifft vorrangig die Konzeption der Vorrichtung, die Auswahl der Vorrichtungselemente sowie die Anordnung dieser Elemente. Nach der Montage der Elemente kann die Vorrichtung direkt genutzt werden /30,31/.

Besonders bei hohen Stückzahlen kommen kostenaufwendige Spezialvorrichtungen in Betracht. Durch die vollständige Neukonstruktion, von der Konzeption der Vorrichtung bis zur Detaillierung der Einzelteile, können die Funktionen und Eigenschaften der Vorrichtung an die Aufgabenstellung angepaßt werden. Diese Optimierung ist häufig notwendig, wenn die Komplettbearbeitung von Werkstücken in einer Aufspannung angestrebt wird. Ein sehr niedriger Umbauungsgrad der Vorrichtungen muß dann verbunden mit einer hohen Steifigkeit realisiert werden. Um dies zu erreichen, werden neben dem Konstruktionsaufwand auch die Aufwände für die Arbeitsplanung, Fertigung und Montage der Spezialvorrichtung in Kauf genommen.

Neben den drei genannten Vorrichtungsgrundtypen wurden seit Anfang der 80-er Jahre NC-gesteuerte Spannmaschinen entwickelt. Bezogen auf die Anpassungsmöglichkeiten an die Werkstückgeometrie können sie zwischen den Standardvorrichtungen und den Baukastenvorrichtungen eingeordnet werden. Spannmaschinen besitzen den Vorteil, daß ihre Positionier-, Stütz- und Spannelemente rechnergestützt ohne manuelle Eingriffe verstellt werden können. Vor der Programmerstellung muß auch hier für jedes Werkstück ein Konzept entwickelt werden, in dem die Werkstücklage sowie die Positionier- und Spannflächen festgelegt sind /10,32/.

Neben der Konstruktion kompletter Vorrichtungen kommt der Konstruktion einzelner standardisierter Vorrichtungselemente eine große Bedeutung zu (Bild 5). Einerseits bilden sie die Basis aller Baukastensysteme, andererseits sind sie häufig ein Bestandteil von Spezialvorrichtungen, die damit zu Hybridvorrichtungen

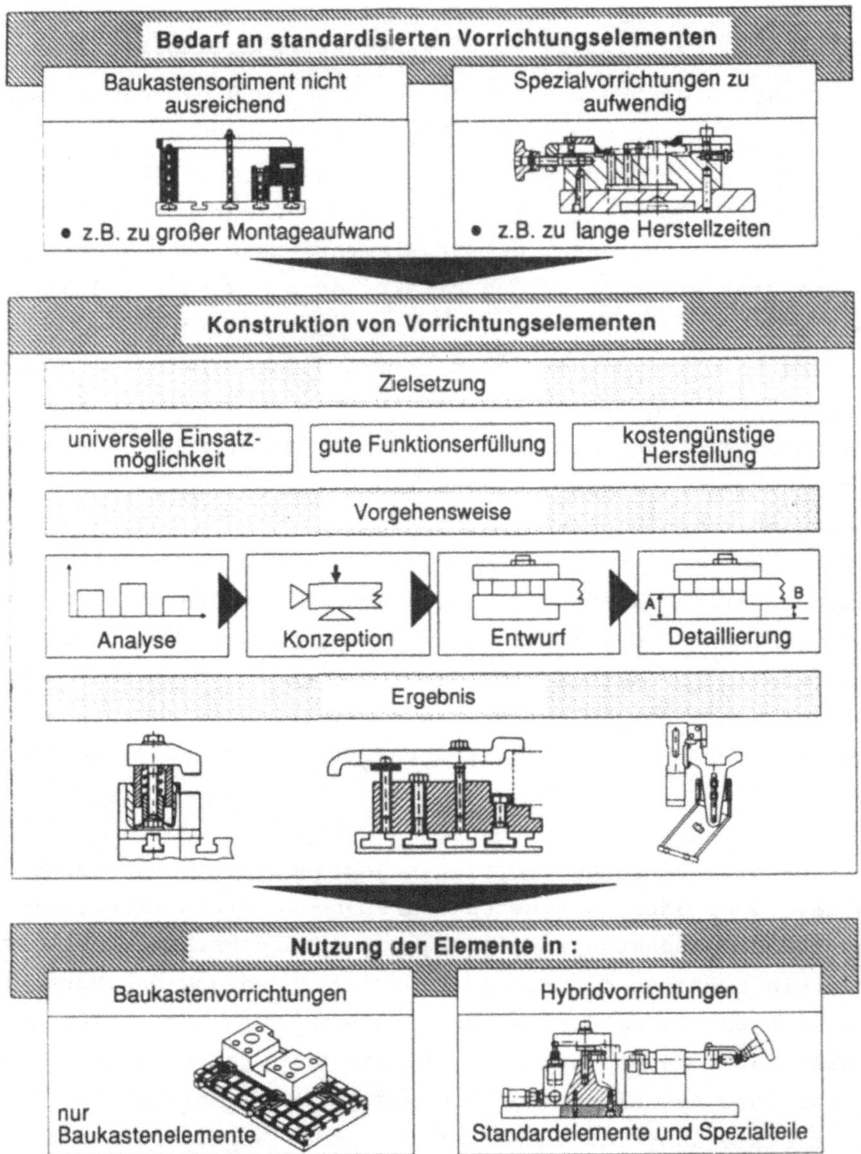

Bild 5: Konstruktion von Vorrichtungselementen

werden. Hybridvorrichtungen sind Spezialvorrichtungen, bei denen überall dort, wo möglich, standardisierte Vorrichtungselemente genutzt werden, um die Vorrichtungskosten zu senken. Bei diesen Elementen kann es sich sowohl um DIN-Normteile, Werksnormteile oder Teile aus Baukastensystemen handeln.

Standardisierte Vorrichtungselemente besitzen den Vorteil, daß sie kostengünstig in größerer Stückzahl produziert werden können. Weiterhin tragen standardisierte Vorrichtungselemente zu einer Reduzierung der Durchlaufzeiten für Vorrichtungen bei, da die Vorrichtungselemente direkt vom Lager bezogen werden können /15,25/. Der Konstruktion von Vorrichtungselementen kommt eine besondere Bedeutung zu. Zum einen werden die Elemente meist in größerer Stückzahl produziert, und zum anderen werden die Elemente z. B. in Baukastenvorrichtungen wiederholt eingesetzt. Ebenso können durch sorgfältig konstruierte Standardelemente vielfach aufwendige Speziallösungen für einzelne Vorrichtungen vermieden werden.

2.2 Stand der Systementwicklung

Um den mit der Vorrichtungskonstruktion verbundenen Aufwand zu reduzieren, werden in immer stärkerem Maße EDV-Systeme genutzt. CAD-Systeme sind in der betrieblichen Praxis bereits zu einem wichtigen Hilfsmittel für den Konstrukteur geworden. Da ihre Arbeitweise in der Literatur vielfach beschrieben wurde, werden für die Vorrichtungskonstruktion nachfolgend die Möglichkeiten und Grenzen dieser Systeme nur noch zusammenfassend dargestellt.

Im Gegensatz zu den CAD-Systemen befindet sich die überwiegende Zahl der wissensbasierten Systeme im Laborstadium. Da sich ihr Entwicklungsstand daher noch sehr schnell ändert und sie zudem von zentraler Bedeutung für die vorliegende Arbeit sind, wird die Struktur, Arbeitsweise und der Entwicklungsstand dieser Systeme im Abschnitt 2.2.2 detaillierter beschrieben.

2.2.1 CAD-Systeme

In Bild 6 wird anhand von zwei Beispielen der Einsatz von CAD-Systemen im Vorrichtungsbereich gezeigt. Bei der Nutzung heutiger CAD-Systeme stehen dabei die Funktionen zur Geometrieverarbeitung im Vordergrund. Neben der Geometriemodellierung ist ein Austausch von Geometriedaten zwischen unterschiedlichen CAD-Systemen und

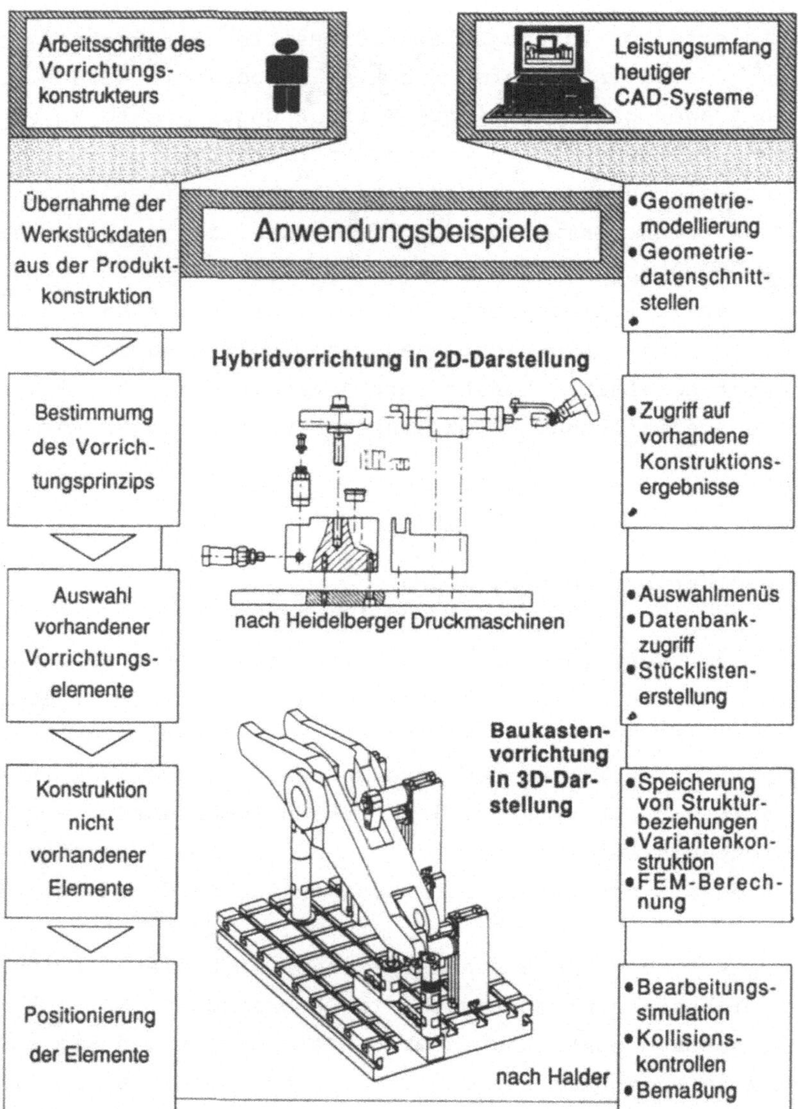

Bild 6: Konstruktion von Vorrichtungen mit heutigen CAD-Systemen

der einfache Zugriff auf vorhandene Konstruktionsergebnisse möglich. Unabhängig von der Arbeitsweise im 2D- oder 3D-Betrieb steigt die Wirtschaftlichkeit von CAD-Systemen durch die wiederholte Nutzung gespeicherter Daten. Hierunter ist z. B. die Übernahme der Werkstückdaten aus der Produktkonstruktion sowie das Konstruieren mit Baukastenelementen, Standard- und Normteilen zu verstehen /33-36/.

Ausgehend von der Werkstückgeometrie und den Bearbeitungsanforderungen muß der Konstrukteur zunächst das Vorrichtungsprinzip, d. h. das Konstruktionskonzept entwickeln. Da der Leistungsschwerpunkt heutiger CAD-Systeme im Bereich der Detaillierung liegt, erhält der Vorrichtungskonstrukteur in der Konzept- und Entwurfsphase nur eine geringe Unterstützung /16-19/. Das für die Konzeption und den Entwurf erforderliche Fach- und Erfahrungswissen ist in CAD-Systemen nicht enthalten. Die Ergebnisse der Konzept- und Entwurfsphase können jedoch z. B. durch das Aufrufen vorhandener Elementdaten effizient mit Hilfe von CAD-Systemen dargestellt werden /37-39/. Je nach Systemkomfort können einzelne Elemente durch Variantenprogramme den individuellen Anforderungen angepaßt werden. Ebenso ist es mit dem am Lehrstuhl für Produktionssystematik entwickelten System DEMOS (Design and Modelling System) /38/ möglich, die Strukturbeziehungen zwischen Vorrichtungselementen im CAD-System zu verwalten /37/. Weiterhin können zur Bearbeitung von Teilaufgaben innerhalb des Konstruktionsprozesses Berechnungsprogramme eingesetzt werden. Hierbei sind z. B. Finite-Element-Berechnungen zur Spannungsanalyse und Bauteildimensionierung zu nennen.

Die Fertigung bzw. Montage der Vorrichtungen wird durch die automatische Generierung von NC-Daten und Stücklisten erleichtert. Im Hinblick auf die spätere Nutzung der Vorrichtungen sind teilweise Bearbeitungssimulationen und Kollisionskontrollen mit eingeblendeten Werkzeugen möglich /27/.

2.2.2 Wissensbasierte Systeme

Nahezu alle Programme, die heute in Unternehmen von der Buchhaltung bis zur Maschinensteuerung eingesetzt werden, sind ablauforientiert. Jede Programmzeile beschreibt einen Arbeitsschritt, und die Funktionsweise kann in einem Flußdiagramm dargestellt werden. Je vielfältiger jedoch die Arbeitsabläufe sind, je mehr Ausnahmen, Alternativen und Änderungen vorkommen, desto aufwendiger und damit fehleranfälliger wird diese Programmiertechnik /40,41/.

Aus diesem Grunde wurden zunächst im Bereich der Informatik Konzepte entwickelt, um die Grenzen der konventionellen Programmierung zu überwinden. Kerngedanke dieser Konzepte ist die Speicherung des zur Lösungsfindung notwendigen Wissens anstelle der Programmierung von Lösungswegen. Unterstützt wurde dieser Gedanke durch die Idee der Symbolverarbeitung. Anstelle von Zahlen und Variablen werden Symbole mit frei definierbarem Inhalt benutzt /42-45/.

Zur Realisierung der o. g. Konzepte wurden als Softwarehilfsmittel Programmiersprachen und sogenannte Shells, d. h. Rahmensysteme, entwickelt. Programmiersprachen, wie z. B. LISP, unterstützen die Beschreibung (deklarativer Programmierstil) von Wissen in Form von Symbolen. Sie unterscheiden sich dadurch von den prozeduralen Programmiersprachen (FORTRAN, C, PASCAL, ...). Aufbauend auf den Programmiersprachen LISP und PROLOG dienen Shells zur einfacheren Erstellung wissensbasierter Systeme. Sie enthalten bereits anwendungsunabhängige Systemstrukturen und erlauben damit dem Systementwickler die Konzentration auf die Wissensgewinnung /46-49/.

Neben den Softwarehilfsmitteln haben die großen Fortschritte im Hardwarebereich die Entwicklung wissensbasierter Systeme beschleunigt. Hier sind vor allem die im Hinblick auf die neuen Programmiersprachen optimierten Rechnerarchitekturen sowie die exponentiell gewachsenen Speicherkapazitäten zu nennen /50/.

Die größte Gruppe wissensbasierter Systeme stellen die Expertensysteme dar. In Bild 7 wird die Grundstruktur derartiger Systeme vorgestellt /51/.

Der Systemkern wird gebildet durch die Wissensbasis. Im statischen Teil der Wissensbasis ist das zur Problemlösung erforderliche Wissen in unterschiedlichen Darstellungsformen gespeichert. Mit Hilfe der Wissenserwerbskomponente kann der Systementwickler die statische Wissensbasis iterativ ausbauen oder verändern. Ebenso wie der Systementwickler kommuniziert der Systembenutzer über eine Dialogsteuerung mit dem Gesamtsystem. Die Dialogsteue-

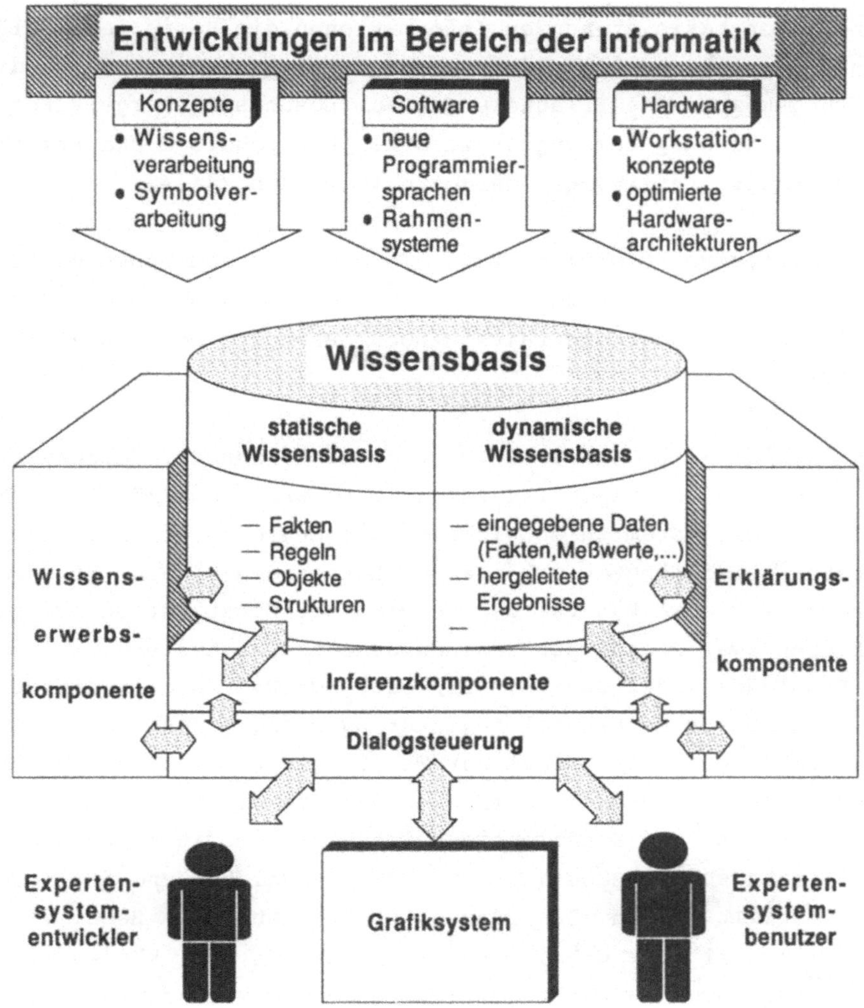

Bild 7: Komponenten heutiger Expertensysteme

rung dient dem Systembenutzer vorrangig dazu, Aufgabenstellungen in das wissensbasierte System einzugeben. Ausgehend von diesen Eingaben werden dann mit Hilfe der Inferenzkomponente diejenigen Wissensteile in der statischen Wissensbasis verknüpft, die zu einer Lösung beitragen könnten. Parallel dazu werden alle Eingabedaten, Lösungswege und Ergebnisse in der dynamischen Wissensbasis gespeichert. Auf der einen Seite wird dadurch bei komplexen Problemen das wiederholte Durchlaufen ergebnisloser Lösungsansätze vermieden, und auf der anderen Seite sind die in der dynamischen Wissensbasis stehenden Informationen die Basis der Erklärungskomponente. Auf Anforderung des Benutzers können durch die Erklärungskomponente Erläuterungen zum Lösungsweg hergeleitet werden. Je nach System können zusätzlich Ergebnisse und Erklärungen durch ein Grafiksystem dargestellt werden /44,45/.

Bild 8 gibt einen Überblick zu den bisher für den Konstruktionsbereich entwickelten wissensbasierten Systemen, wobei die Systeme für die Vorrichtungskonstruktion noch gesondert betrachtet werden /52-58/.

Zu Beginn der 70-er Jahre hat sich gezeigt, daß der "General Problem Solver" eine Utopie ist /44,45/. Es war nicht möglich, ein intelligentes System zu entwickeln, mit dessen Hilfe Probleme in den unterschiedlichsten Gebieten gelöst werden können. Ähnliches zeichnet sich momentan für den Bereich der Konstruktion ab. Es existieren zwar Prototypen anwendungsneutraler Systeme, wie z. B. KAD (Knowledge Aided Design) /59/ oder DOMINIC (Domain Independent Program for Mechanical Engineering Design) /60/, diese Systeme decken aber gleichwohl nur Teilbereiche des Konstruktionsprozesses ab. Das System DOMINIC enthält z. B. Strategiewissen zur Optimierung von Konstruktionsparametern. Damit können in der Detaillierungsphase Hebelverhältnisse, Wanddicken und ähnliche Daten bestimmt werden. Die Fragen, ob überhaupt ein Hebel verwendet werden soll oder wie der Hebel anzuordnen ist, können mit Hilfe dieses Systems nicht geklärt werden. Anwendungsneutral heißt in diesem Sinne, daß das System nicht auf den Stahlbau oder die Getriebekonstruktion beschränkt ist. Trotzdem liegt eine Beschränkung auf einzelne Konstruktionsphasen und auf bestimmte Aufgaben in diesen Phasen vor /59,60/.

Ähnlich ist die Situation im Bereich der anwendungsspezifischen Systeme. Auch mit diesen Systemen können nur einzelne Konstruktionsphasen mit definierten Aufgaben unterstützt werden. Während das System CADBAU-3 Trägerverbindungen für den Stahlbau im Detail spezifiziert, wählt das System WISENT-D (wissensbasierter Entwurf - Drehmaschinen) die Komponenten von Drehmaschinen aus /61,62/.

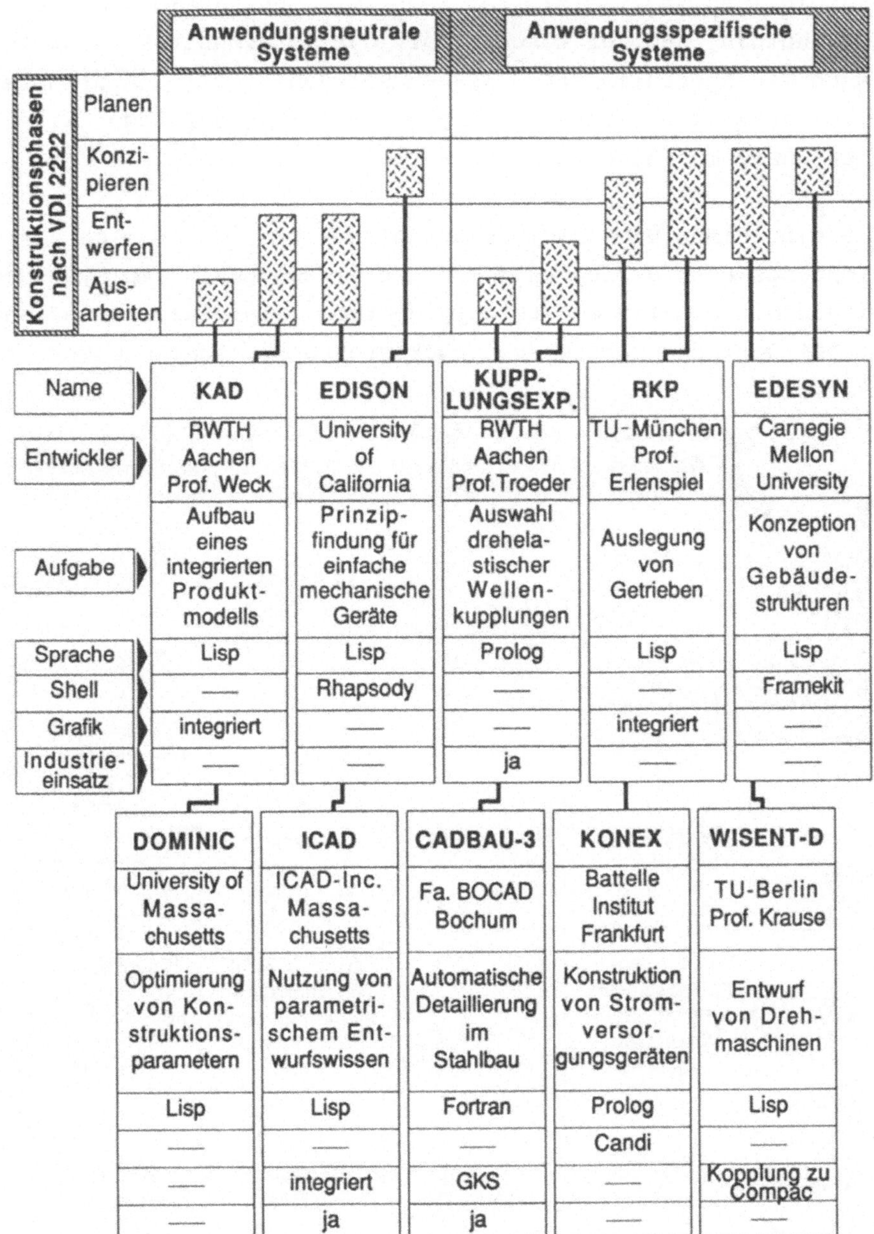

Bild 8: Charakterisierung wissensbasierter Systeme im Konstruktionsbereich (außer Vorrichtungskonstruktion)

Die Entwicklung spezialisierter Konstruktionssysteme basiert auf der Erkenntnis, daß zur Lösung individueller Konstruktionsaufgaben auch ein spezialisiertes Wissen notwendig ist. Ein erfahrener Stahlbaukonstrukteur ist in der Regel nicht in der Lage, direkt eine gute Drehmaschine zu konstruieren.

Bild 9 gibt einen Überblick zu den bisher für den Bereich der Vorrichtungskonstruktion entwickelten wissensbasierten Systemen. Dabei handelt es sich um Prototyp-Systeme, die einzelne Teilaufgaben bei der Konstruktion von Baukastenvorrichtungen unterstützen.

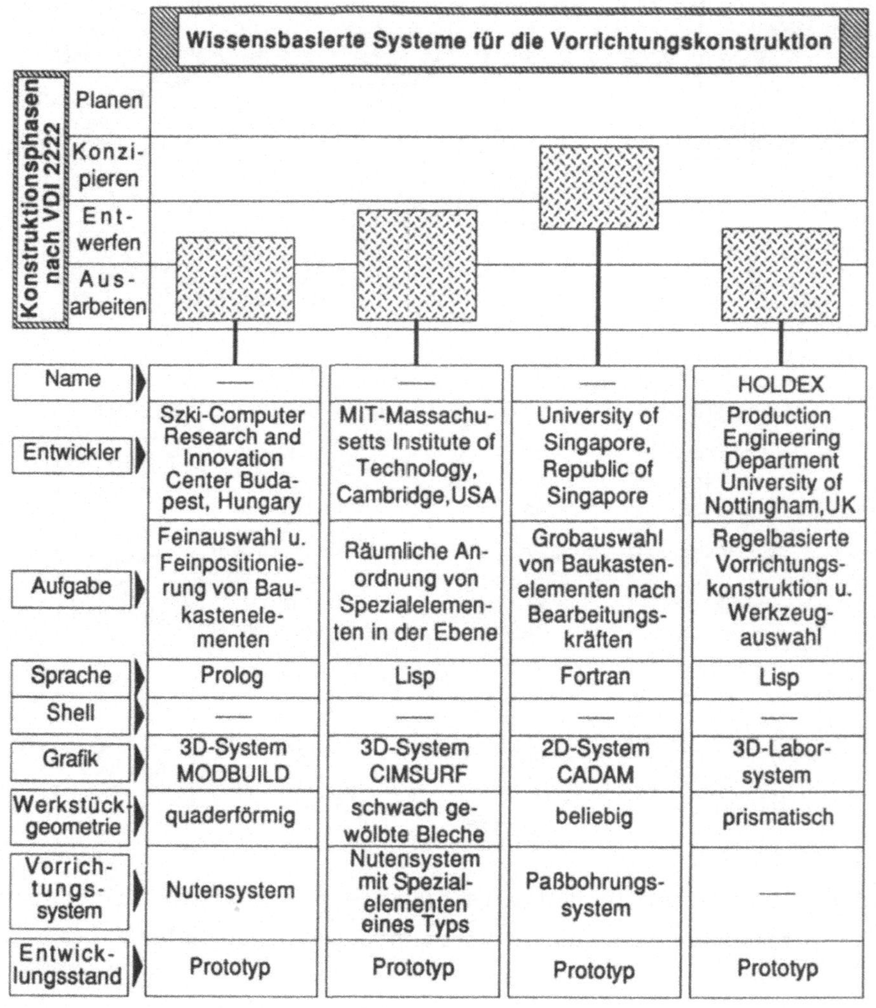

Bild 9: Wissensbasierte Systeme für die Vorrichtungskonstruktion

Das vom Computer Research and Innovation Center in Budapest entwickelte System enthält Regeln zur Feinauswahl und Feinpositionierung von Baukastenelementen für quaderförmige Werkstücke. Der Grundtyp des jeweiligen Vorrichtungselementes sowie die Positionier- und Spannpunkte am Werkstück müssen durch den Benutzer vorgegeben werden /63/.

Das vom Massachusetts Institute of Technology entwickelte System dient zur räumlichen Anordnung von Vorrichtungselementen in der Ebene. Dabei handelt es sich um höhenverstellbare Spezialelemente eines Typs, die auf einer mit Nuten versehenen Grundplatte verschoben werden können. Zielsetzung ist es, schwach gewölbte Blechteile aus der Flugzeugindustrie zu stützen, um Bohrbearbeitungen zu ermöglichen /64,65/.

Ein weiteres System für die Vorrichtungskonstruktion wurde von der Universität Singapur vorgestellt. Ausgehend von einem Dialog mit dem Benutzer werden die Bearbeitungskräfte ermittelt. Anschließend wird dann mit Hilfe von Regeln eine Liste geeigneter Spann- und Positionierelemente aufgestellt /66,67/.

An der Universität Nottingham wurde das System HOLDEX entwickelt. Mit Hilfe dieses Systems wird für fest umrissene Bearbeitungsaufgaben an prismatischen Werkstücken die Auswahl und Anordnung von Vorrichtungselementen unterstützt. Daneben erfolgt die Auswahl der Bearbeitungswerkzeuge /66/.

Da der wissensbasierte Teil der genannten Systeme bisher nur sehr eingeschränkte Teilaufgaben löst, kann von einer vollständigen wissensbasierten Vorrichtungskonstruktion noch nicht gesprochen werden. Ein weiterer Mangel der existierenden Prototypsysteme ist, daß bei ihrer Entwicklung die Schaffung der EDV-technischen Grundlagen für wissensbasierte Systeme im Vordergrund stand. Die systematische Gewinnung und Repräsentation von Konstruktionswissen wurde nur ansatzweise untersucht.

Weiterhin wurde bei den bisher entwickelten Prototypsystemen von einsatzfähigen Vorrichtungselementen ausgegangen. Ein System zur wissensbasierten Konstruktion derartiger Elemente wurde noch nicht vorgestellt.

2.3 Festlegung der Ziele für die Systementwicklung

Wie bereits beschrieben, ist die Vorrichtungskonstruktion bisher nur bedingt in die rechnergestützte Auftragsabwicklung integriert. Lange Konstruktions- und Fertigungszeiten für Vorrichtungen verursachen häufig unnötig lange Durchlaufzeiten im Produktbereich. Eine wesentliche Zielsetzung dieser Arbeit ist daher die Verkürzung der Konstruktionszeiten für Vorrichtungen (Bild 10). Eine weitere Zielsetzung liegt in der Reduzierung des Konstruktionsaufwands für Vorrichtungen. Eine Verringerung des Konstruktionsaufwands ist notwendig, da bedingt durch sinkende Losgrößen die Vorrichtungskosten auf immer weniger Werkstücke umgelegt werden müssen. Daneben sind die Konstruktionskosten für Vorrichtungen aufgrund hoher Qualitätsansprüche und unzureichender Hilfsmittel vielfach überproportional hoch. Häufig liegen die Konstruktionskosten für Spezialvorrichtungen in der gleichen Größenordnung wie ihre Fertigungs- und Montagekosten /7,9,11/.

Die Verkürzung der Konstruktionszeiten sowie die Reduzierung des Konstruktionsaufwandes dürfen nicht zu einer geringeren Konstruktionsqualität der Vorrichtungen führen /36/. Steigende Maschinenleistungen, höhere Fertigungsgenauigkeiten und eine stärkere Automatisierung der Fertigung erfordern eine Verbesserung der Konstruktionsqualität. Die Erhöhung der Konstruktionsqualität im Vorrichtungsbereich ist daher eine weitere zentrale Zielsetzung.

Einen Ansatz zur Erreichung der o.g. Ziele bildet die stärkere Unterstützung des Vorrichtungskonstrukteurs durch EDV-Systeme. Während im Bereich der Detaillierung bereits vielfach CAD-Systeme eingesetzt werden, existieren für die Konzeptions- und Entwurfsphase bisher nur ansatzweise Hilfsmittel (vgl. Kapitel 2.2.1). Durch die Entwicklung wissensbasierter Systeme kann diese Situation wesentlich verbessert werden. Konventionelle, d. h. ablauf-

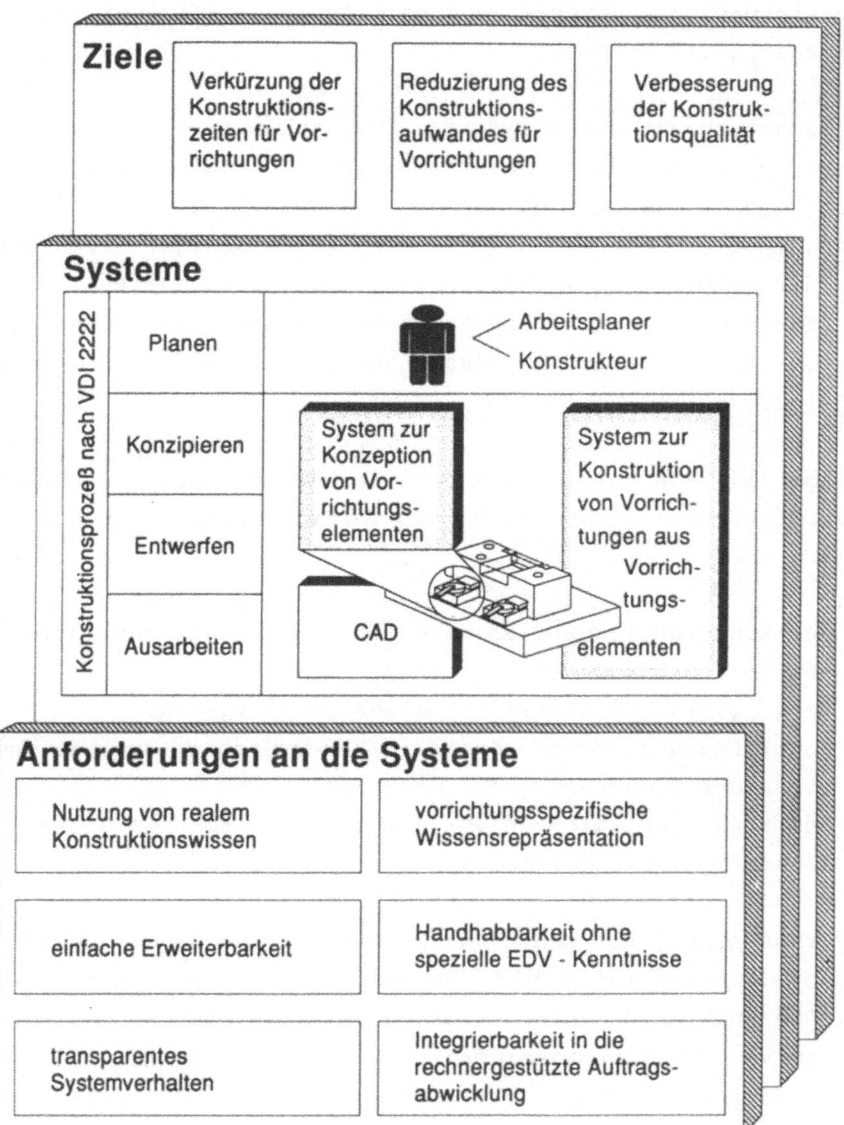

Bild 10: Ableitung von Anforderungen an wissensbasierte Systeme zur Vorrichtungskonstruktion

orientierte Systeme sind im Konzeptions- und Entwurfsbereich weniger geeignet, da die Abbildung heuristischer Lösungsprozesse mit Hilfe starrer Algorithmen nur schwer möglich ist /44,45,68/. Heuristische Lösungsprozesse sind durch individuelle Lösungswege gekennzeichnet, die unter Anwendung erfahrungsbedingter Suchstrategien entwickelt werden.

Einen Ausgangspunkt für die Entwicklung zukünftiger Konstruktionssysteme bildet die am Lehrstuhl für Produktionssystematik frühzeitig entwickelte Idee der technischen Elemente /35-38/. Kerngedanke ist hierbei, an die Stelle vollständiger Neukonstruktionen die Kombination vordefinierter Elemente zu setzen. Hierdurch können u. a. erhebliche Aufwände für die Detailkonstruktion vermieden werden, da die Eigenschaften der Elemente bereits bekannt sind.

Übertragen auf den Vorrichtungsbereich bedeutet dies, in starkem Maße Vorrichtungselemente z. B. aus Vorrichtungsbaukästen einzusetzen:

- Der Konstruktionsprozeß wird auf die Auswahl und Anordnung der Vorrichtungselemente reduziert.
- Detaillierungsarbeiten entfallen weitestgehend.
- Vorrichtungselemente können in CAD-Systemen abgelegt und effizient wiederverwendet werden.
- Vorrichtungen, die aus vorgefertigten Elementen bestehen, können mit geringem Aufwand erstellt werden /25,27,28/.

Eine Voraussetzung zur Konstruktion von Vorrichtungen aus Vorrichtungselementen ist jedoch das Vorhandensein geeigneter Elemente. Die Entwicklung eines wissensbasierten Systems zur Konstruktion von Vorrichtungselementen wird daher im Rahmen dieser Arbeit untersucht. Hiermit soll der Konstrukteur ein Hilfsmittel zur schnellen und effizienten Konstruktion neuer Vorrichtungselemente erhalten. Da die Konstruktion neuer Vorrichtungselemente seltener erfolgt als die Konstruktion kompletter Vorrichtungen, ist die Unterstützung aller Konstruktionsphasen durch dieses System nicht notwendig. Ebenso muß berücksichtigt werden, daß für die Detaillierung von Vorrichtungselementen meist unternehmensspezifische Randbedingungen (z. B. Werksnormen) beachtet werden müssen. Wirtschaftlich sinnvoll erscheint die Unterstützung der

Konzeptphase und des qualitativen Entwurfs. Hier läßt die Bereitstellung von Erfahrungswissen durch ein EDV-System den größten Nutzen für den Konstrukteur erwarten. Erfahrungswissen kann in diesem Zusammenhang z. B. Wissen zu Vorgehensweisen in der Konstruktion oder Wissen zu den Eigenschaftsprofilen von Konstruktionselementen sein.

Die Konstruktion vollständiger Vorrichtungen soll mit Hilfe eines zweiten Systems unterstützt werden. Dieses System soll dabei auf die Daten von Standardbaukastenelementen zurückgreifen. Die Konstruktion von Baukastenvorrichtungen erfolgt in einem Unternehmen in der Regel sehr häufig. Daneben werden Baukastenvorrichtungen meist in sehr kurzer Zeit benötigt, da die Zeiten für die Vorrichtungsbereitstellung direkt in die Durchlaufzeiten der Werkstücke einfließen. Aus diesem Grunde sollte das zweite System einen möglichst großen Teil des Konstruktionsprozesses abdecken. Anzustreben ist eine weitestgehend automatisierte Konstruktion von der Konzeption bis zur Detaillierung der Vorrichtung. Wie bereits beschrieben, beschränkt sich die Detaillierung hierbei auf die Festlegung der genauen Elementpositionen, da die geometrischen und technischen Eigenschaften der Vorrichtungselemente vorgegeben sind.

Eine zentrale Anforderung an die zu entwickelnden Systeme bildet die Berücksichtigung von Konstruktionswissen, das in der betrieblichen Praxis erprobt wurde. Dieses Wissen sollte in Unternehmen des Maschinenbaus ermittelt werden. Im Gegensatz zu reinen Laborsystemen kann hierdurch der Praxisbezug für die Anwendung der Systeme gewährleistet werden. Eine Folge dieser Forderung ist die Entwicklung vorrichtungsspezifischer Wissensrepräsentationsformen zur effizienten Darstellung des Konstruktionswissens im Rechner.

Weiterhin sollten die o.g. Systeme in die integrierte Auftragsabwicklung eingebunden werden können. Hierbei ist die Kopplung zu CAD-Systemen von besonderer Bedeutung (Bild 11). CAD-Systeme besitzen in bezug auf die Verarbeitung und Darstellung geometrischer Daten einen hohen Entwicklungsstand. Daneben können CAD-Systeme vielfach auf einfache Weise mit Bausteinen zur NC-Pro-

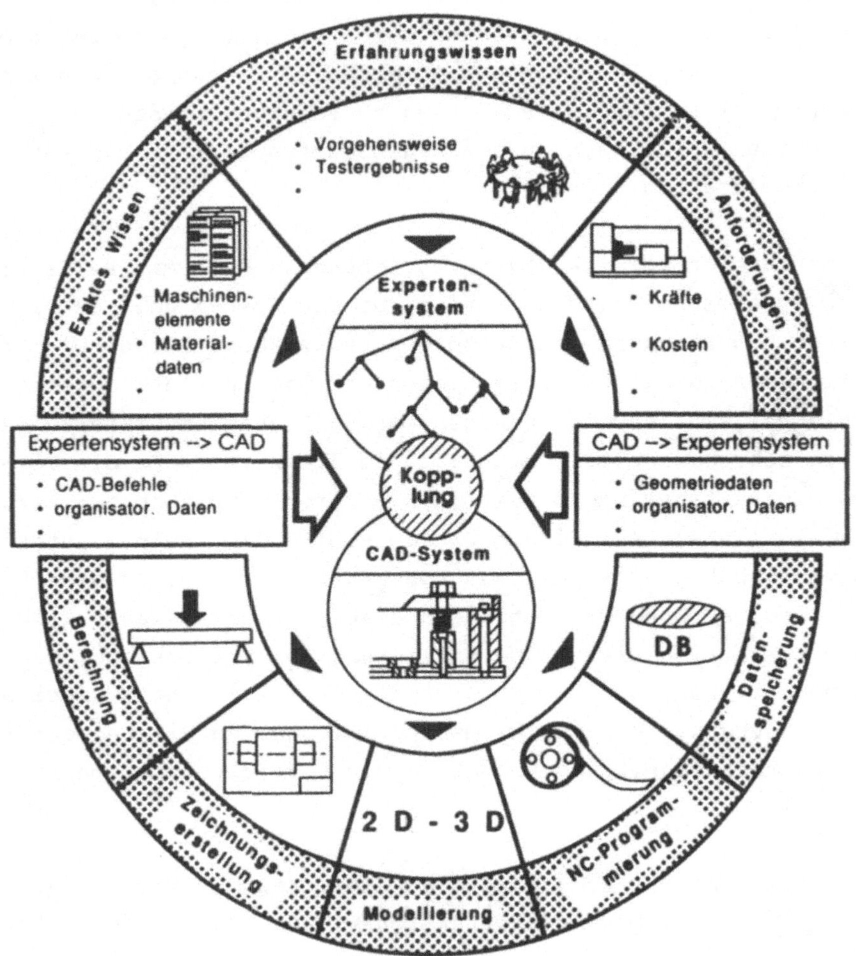

Bild 11: Kopplung eines CAD-Systems mit einem Expertensystem

grammierung, Berechnung oder Datenspeicherung verknüpft werden. Die Entwicklung dieser Funktionen in wissensbasierten Systemen ist daher wenig sinnvoll /68/.

Durch die Kopplung wissensbasierter Systeme mit CAD-Systemen können die Eigenschaftsprofile beider Systemarten ideal kombiniert werden. Der Ablauf des Konstruktionsprozesses wird dabei mit Hilfe des wissensbasierten Systems bestimmt, während die Grafikverarbeitung im CAD-System erfolgt /68-70/.

Für die Konstruktion von Baukastenvorrichtungen existieren heute bereits die CAD-Elementdaten mehrerer Vorrichtungshersteller. Aus diesem Grunde wird im Rahmen dieser Arbeit die CAD-Expertensystem-Kopplung am Beispiel des Systems zur Konstruktion von Vorrichtungen aus Vorrichtungselementen durchgeführt.

2.4 Ermittlung einer Vorgehensweise zur Systementwicklung

Nachdem im Abschnitt 2.3 die Ziele für die Systementwicklung festgelegt wurden, sollen nachfolgend die wesentlichen Schritte zur Systementwicklung definiert werden /71,72/. Hierbei kann es sich jedoch nur um einen groben Rahmen handeln, da die Methoden zur Systementwicklung erst im weiteren Verlauf der Arbeit entwickelt werden. Vorgehensweisen zur Entwicklung wissensbasierter Systeme für die Vorrichtungskonstruktion sind in der Literatur bisher noch nicht vorgestellt worden. Die bekannten Methoden zur Entwicklung wissensbasierter Systeme sind nur wenig detailliert. Daneben werden die Besonderheiten des Konstruktionsbereichs, wie z. B. die implizite Speicherung von Konstruktionswissen in Zeichnungen, bisher nur unzureichend berücksichtigt.

Den ersten Arbeitsschritt bildet vergleichbar zur Entwicklung konventioneller Systeme die Klärung und Präzisierung der Aufgabenstellung. Hierzu zählt vorrangig die Analyse vorhandener Systeme sowie die Festlegung der Entwicklungsziele. Die eigentliche Systementwicklung beginnt dann mit der Wissensgewinnung. Die Leistungsfähigkeit eines wissensbasierten Systems hängt direkt von der Qualität und dem Umfang des im System abgelegten Wissens ab. Aus diesem Grunde ist die Wissensgewinnung von zentraler Bedeutung für die gesamte Systementwicklung. Fehlende Wissensteile können auch durch hochentwickelte Inferenzmechanismen in der Regel nicht ersetzt werden (Bild 12) /45/.

Im Gegensatz zu exakt meßbaren Größen, wie z. B. geometrischen Abmessungen, ist das Erfahrungswissen des Vorrichtungskonstrukteurs nur unzureichend dokumentiert. Ebenso ist er meist nicht in der Lage, die über Jahre entwickelten Heuristiken auf Anfrage hin

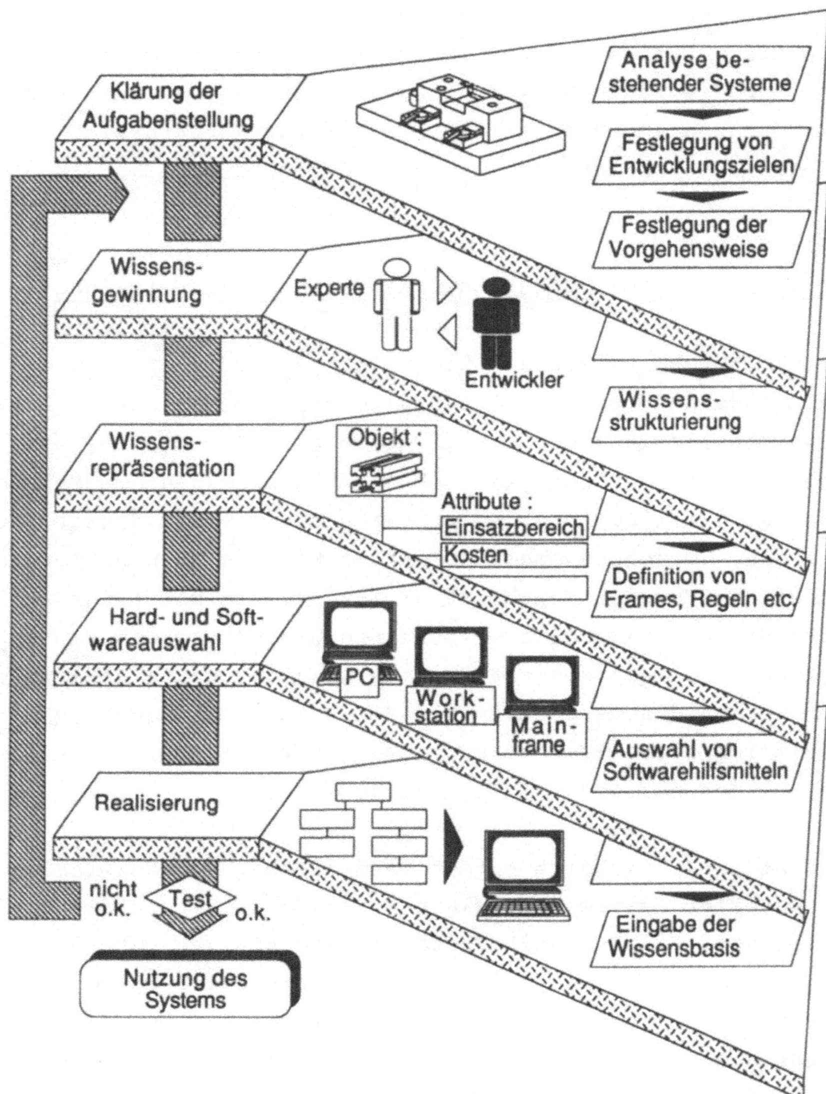

Bild 12: Vorgehensweise zur Systemrealisierung

vollständig zu formulieren. Aus diesem Grunde müssen Methoden entwickelt werden, um das vielfach unterbewußt vorhandene Wissen des Vorrichtungskonstrukteurs zu ermitteln. Ansätze können hier z. B. die Analyse vorhandener Konstruktionszeichnungen mit Hilfe statistischer Verfahren oder gezielte Tätigkeitsanalysen sein /73/.

Die im Rahmen der Wissensgewinnung ermittelten Informationen müssen anschließend so repräsentiert werden, daß eine Verarbeitung im Rechner möglich wird. Hierbei werden unterschiedliche Anforderungen an die Wissensrepräsentation gestellt. Eine wesentliche Anforderung ist die Darstellung des Konstruktionswissens in einer Form, die der Denkweise des Konstrukteurs entspricht. Strukturen, die dem Konstrukteur bewußt sind, sollten sich auch in der Wissensrepräsentation wiederfinden. Hierdurch wird zum einen eine einfache Umsetzung von Konstruktionswissen in die Wissensbasis des Systems erleichtert, und zum anderen wird die Transparenz und Akzeptanz des Konstruktionssystems erhöht. Weitere Anforderungen an die Wissensrepräsentation sind die effiziente Verarbeitbarkeit im Rechner sowie die Offenheit für Erweiterungen und Änderungen /43-45/.

Aufgrund der Vielschichtigkeit von Fach- und Erfahrungswissen ist eine universelle Wissensrepräsentation nicht möglich /43-45/. Diagnosewissen ist z. B. anders strukturiert als Konstruktionswissen. Hieraus folgt, daß auch für die Vorrichtungskonstruktion adäquate Wissensrepräsentationsformen zu entwickeln sind. Dabei können jedoch bekannte Mechanismen der Wissensrepräsentation, wie z. B. Frames oder Regeln, als Entwicklungsgrundlage herangezogen werden /44,45,74-76/.

Nicht zuletzt von der ausgewählten Wissensrepräsentation hängt die nachfolgende Hard- und Softwareauswahl ab. Die Realisierung der einzelnen Wissensrepräsentationsformen muß mit den verwendeten Softwarehilfsmitteln möglich sein. Ebenso werden durch die Größe der Wissensbasis und die erforderlichen Softwarehilfsmittel wesentliche Anforderungen an die Hardware determiniert. Weitere Hardwareanforderungen ergeben sich aus dem gewünschten Antwortzeitverhalten, Grafikanforderungen oder spezifischen Schnittstellenerfordernissen /46,45/.

Den nächsten Arbeitsschritt bildet die Realisierung eines lauffähigen Systemprototyps. Neben der Wissensbasis des Systems sind hierbei auch die weiteren Systemteile, wie Inferenz-, Wissenserwerbs-, Erklärungs- und Dialogkomponente zu implementieren.

Auch wenn diese Komponenten auf der Wissensbasis aufbauen, sind sie zu einem großen Teil unabhängig von der konkreten Anwendung des Gesamtsystems. Für Algorithmen zur Verkettung von Regeln ist z. B. der Inhalt der Regeln meist von untergeordneter Bedeutung. Aus diesem Grunde sind die anwendungsunabhängigen Systemteile vielfach bereits in Form von Softwaretools erhältlich. Um Doppelentwicklungen zu vermeiden, wird im Rahmen dieser Arbeit für anwendungsunabhängige Systemteile soweit wie möglich auf vorhandene Software zurückgegriffen. Hierdurch ist in der Realisierungsphase eine stärkere Konzentration auf die Repräsentation vorrichtungsspezifischen Wissens möglich. Daneben wird zur Lösung von Aufgaben, die vorrangig im Bereich der Informatik angesiedelt sind, mit Informatikern der Universität Kaiserslautern zusammengearbeitet /77,78/.

An die Realisierung eines ersten Prototyps schließen sich Systemtests an. Hierbei wird die Funktionsfähigkeit der Systemkomponenten anhand von Testaufgaben geprüft. Eine Testaufgabe kann z. B. ein Werkstück sein, zu dessen Bearbeitung eine Spannvorrichtung benötigt wird. Zu diesem Werkstück wird dann mit Hilfe des wissensbasierten Systems eine Vorrichtung generiert. In der Diskussion der Systemergebnisse mit erfahrenen Konstrukteuren können Schwachstellen in der Wissensbasis oder den Schlußfolgerungsmechanismen aufgedeckt werden. Durch die iterative Erweiterung und Verbesserung des Prototypsystems kann damit ein einsatzfähiges System entwickelt werden.

Die Entwicklung eines EDV-Systems in Iterationsschleifen ist typisch für wissensbasierte Systeme. Sie hat ihre Ursache darin, daß das Fach- und Erfahrungswissen für die Wissensbasis der Systeme nur in einem längeren Prozeß gewonnen werden kann. Im Gegensatz zu ablauforientierten Systemen kann die Vollständigkeit einer Wissensbasis nur grob abgeschätzt werden. Die Entwicklung wissensbasierter Systeme in Form des "rapid prototypings" wird durch die Art der Programmierung wesentlich unterstützt. Das Hinzufügen oder Ändern von Wissensteilen ist in den meisten Fällen sehr einfach möglich.

3. Gewinnung und Repräsentation von Wissen für die Vorrichtungskonstruktion

In der konventionellen Programmierung steht die programmtechnische Realisierung bekannter Algorithmen im Vordergrund. Bei der Entwicklung wissensbasierter Systeme kommt demgegenüber der Gewinnung und Darstellung des Fach- und Erfahrungswissens eine besondere Bedeutung zu. Mit Hilfe des gespeicherten Wissens wird zum einen der Ablauf des Lösungsprozesses gesteuert und zum anderen die Qualität der Lösungen bestimmt. Dem Ausbau der Wissensbasis kommt im Hinblick auf die Ergebnisse des Systems eine größere Bedeutung zu, als den EDV-technischen Methoden zur Wissensverarbeitung /43-45/.

Der Stellenwert der Wissensgewinnung und -repräsentation wird weiterhin durch den Umfang des zu akquirierenden Wissens erhöht. Auch in der konventionellen Programmierung werden große Informations- und Datenbestände benötigt. Der Unterschied zur Erstellung wissensbasierter Systeme liegt jedoch darin, daß für konventionelle ablauforientierte Programme nur diejenigen Informationen bereitgestellt werden müssen, die zu einem oder mehreren spezifischen Lösungswegen zugeordnet werden können. Das zu diesen Lösungswegen gehörende Wissen ist eng abgrenzbar und kann systematisch ermittelt werden. Wissensbasierte Systeme enthalten nur für untergeordnete Teilaufgaben vorgegebene Lösungswege. In der Regel wird ein individueller Lösungsablauf erst durch die fallspezifische Kombination diskreter Wissensteile erzeugt. Hieraus ergibt sich die Notwendigkeit, für ein Aufgabengebiet das relevante Wissen möglichst vollständig zu erfassen. Diese Aufgabe ist umso schwieriger, da sich im voraus nicht sagen läßt, welches Wissen relevant ist und welche Kriterien die Vollständigkeit kennzeichnen /79-83/.

3.1 Wissensgewinnung

3.1.1 Analyse der Wissensarten in der Vorrichtungskonstruktion

Ausgehend von anwendungsorientierten oder geisteswissenschaftlichen Kriterien kann Wissen auf unterschiedlichste Weise strukturiert und klassifiziert werden. Bei der Entwicklung wissensbasierter Systeme hat sich die Einteilung von Wissen in die Wissensarten: Objektwissen, Ereigniswissen, prozedurales Wissen und Metawissen bewährt. Die Vorteile dieser Gliederung liegen in der Anwendbarkeit für unterschiedlichste Gebiete und in der im Vergleich zu anderen Gliederungskriterien einfachen Klassifizierbarkeit der Wissensteile /80,72,84-86/.

Objektwissen beinhaltet Beschreibungswissen (deklaratives Wissen) zu beliebigen Objekten. Objekte im Bereich der Vorrichtungskonstruktion sind z. B. Werkstücke und Vorrichtungselemente. Objekte müssen nicht gegenständlicher Natur sein, sondern können auch abstrakte Vorrichtungsfunktionen darstellen. Ebenso kann Objektwissen strukturiert werden, d. h. es können hierarchische oder netzartige Beziehungen dargestellt werden /43,86/.

Im Gegensatz zum statischen, d. h. zeitunabhängigen, Objektwissen steht das Ereigniswissen. Ereigniswissen ist Wissen zu den zeitlichen Beziehungen zwischen Aktionen sowie zu den dazugehörigen Ursache-Wirkung-Relationen. Dieses Wissen, das für die Prozeßsteuerung von großer Bedeutung ist, spielt für die Vorrichtungskonstruktion nur eine untergeordnete Rolle. Es wird daher im folgenden nicht mehr betrachtet.

Einen großen Anteil des Konstruktionswissens bildet demgegenüber das prozedurale Wissen. Dieses Wissen ist ablauf- und methodenorientiert. Dem prozeduralen Wissen können z. B. Konstruktionsmethoden oder Berechnungsverfahren zugeordnet werden (Bild 13). Auf der Basis des deklarativen Objektwissens werden mit Hilfe des prozeduralen Wissens Aufgaben gelöst und Ergebnisse abgeleitet. Da die einzelnen Methoden und Arbeitsschritte in der Regel an konkrete Bedingungen gebunden sind, ist das prozedurale Wissen stark situationsabhängig /44,45/.

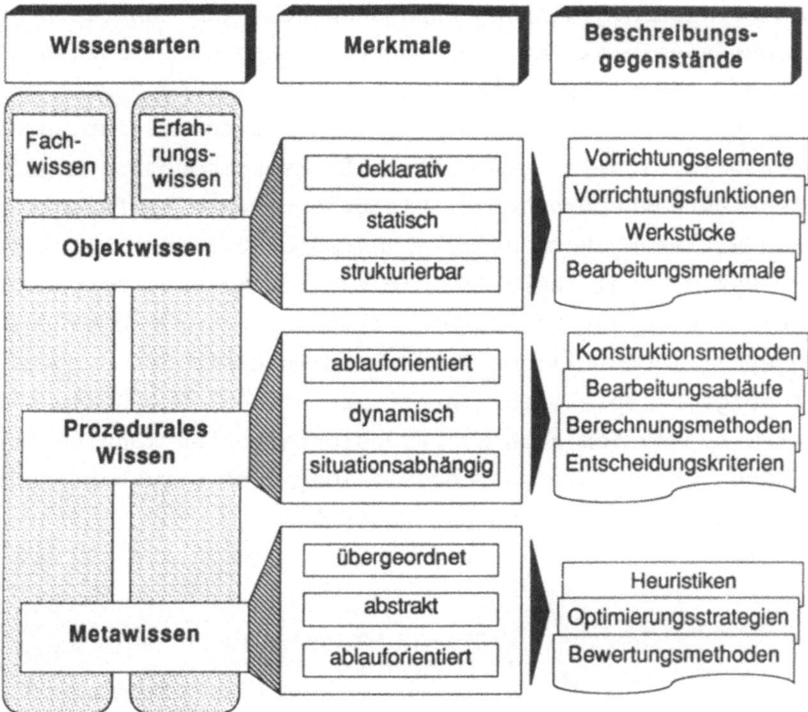

Bild 13: Wissensarten in der Vorrichtungskonstruktion

Zur Erfüllung der Grundfunktionen eines wissensbasierten Systems nicht unbedingt erforderlich, bei der Tätigkeit eines erfahrenen Konstrukteurs jedoch von großer Bedeutung ist das Metawissen. Metawissen ist dem anwendungsorientierten Objektwissen und prozeduralen Wissen übergeordnet. Es ist Wissen, das Heuristiken und Optimierungsstrategien beinhaltet, um so effizient wie möglich zu einer Lösung zu gelangen. Mit Hilfe des Metawissens wird die Nutzung des Objektwissens und des prozeduralen Wissens zielgerichtet gesteuert.

Alle genannten Wissensarten lassen sich weiterhin in Fachwissen und Erfahrungswissen gliedern. Im Bereich des Objektwissens gehören die Beschaffungskosten eines Vorrichtungselementes z. B. zum Fachwissen, während Regeln zur Handhabung des Elementes dem Erfahrungswissen zuzuordnen sind.

Während der Wissensgewinnung kann ausgehend vom konkreten Konstruktionswissen eine feinere Strukturierung der Wissensarten vorgenommen werden. Eine stärkere Differenzierung des Objektwissens, des prozeduralen Wissens und des Metawissens ist auch bereits vorab im Hinblick auf spätere Systemkomponenten möglich. Eine Wissenserwerbskomponente, Dialogkomponente, Inferenzkomponente und Erklärungskomponente sind feste Bestandteile wissensbasierter Systeme (vgl. Bild 7). Die Funktion dieser Komponenten beruht einerseits auf Standardformalismen, andererseits auf anwendungsspezifischem Wissen in der Wissensbasis des Systems. Bild 14 zeigt Beispiele für derartiges Wissen. Durch die Gliederung der Wissensarten nach Systemgesichtspunkten kann bereits in einer frühen Phase der Systementwicklung eine Strukturierung der Wissensgewinnung erzielt werden /81,83/.

Systemkomponenten

Wissensarten	Wissens-erwerbs-komponente	Dialog-komponente	Inferenz-komponente	Erklärungs-komponente
Objektwissen	Struktur eines Frames	Begriffe des Benutzers	Gewich-tungs-faktoren	hergeleitete Schluß-folgerungen
Prozedurales Wissen	Reihenfolge des Struktur-aufbaus	Voraus-setzungen für eine Frage an den Benutzer	Such-strategien	Reihenfolge von Erläute-rungen
Metawissen	Methoden zur Konsistenz-prüfung	Regeln für die Dialog-führung	Opti-mierungs-strategien	Argumenta-tionstech-niken

Beispiele

Bild 14: Beispiele für an Systemkomponenten gebundenes Wissen

3.1.2 Analyse der vorhandenen Methoden zur Wissensgewinnung

In der Regel erfolgt die Wissensgewinnung in Zusammenarbeit zwischen dem Experten des Fachgebietes und dem "Knowledge Engineer" Die Aufgabe des "Knowledge Engineers" besteht darin, mit Hilfe der Methoden zur Wissensgewinnung das Fach- und Erfahrungswissen des Experten vollständig und unverfälscht zu ermitteln sowie im Rechner darzustellen.

Bild 15 zeigt die vier heute angewandten Methoden zur Wissensgewinnung. Hierbei bildet die dargestellte Reihenfolge der Methoden nur eine von mehreren Kombinationsmöglichkeiten. Die Literaturanalyse ist häufig der erste Schritt zur Wissensgewinnung. Aus der Literatur können die im Fachgebiet benutzten Begriffe, Standardverfahren sowie weiteres Basisfachwissen gewonnen werden. Ein wesentlicher Vorteil der Literaturanalyse liegt darin, daß durch sie die zeitliche Beanspruchung des Experten reduziert werden kann. Hinzu kommt, daß zumindest die in Lehrbüchern dargestellten Verfahren meist von einer größeren Anzahl von Fachleuten anerkannt sind, d. h. allgemeingültiger sind als die Aussagen eines Experten. Die Nachteile des in der Literatur enthaltenen Wissens liegen zum einen in der Betonung an der Theorie und zum anderen im hohen Abstraktionsgrad. Der Leser kann ein Buch nur verstehen, da er über ein breites Grundwissen verfügt und auch die Bedeutungen zahlreicher Begriffe, z. B. das "Bestimmen eines Werkstücks", kennt. In einem wissensbasierten System können deshalb die abstrakten Aussagen eines Fachbuchs alleine noch nicht verarbeitet werden, sondern sie bedürfen der Ergänzung und Übersetzung /79/. Expertenbefragungen sind eine Möglichkeit hierzu. Erfahrungswissen des Experten kann z. B. dazu dienen, die Bedeutung von in der Literatur gemachten Aussagen abzuschätzen oder diese Aussagen zu vervollständigen. Eine ähnliche Zielrichtung haben Fallstudien. Anhand abgrenzbarer Aufgaben wird zusammen mit dem Experten der komplette Lösungsweg zu einer Aufgabenstellung durchlaufen. Hierdurch können heuristische Vorgehenstechniken des Experten sowie das Detailwissen zu einzelnen Teilaufgaben ermittelt werden /83/.

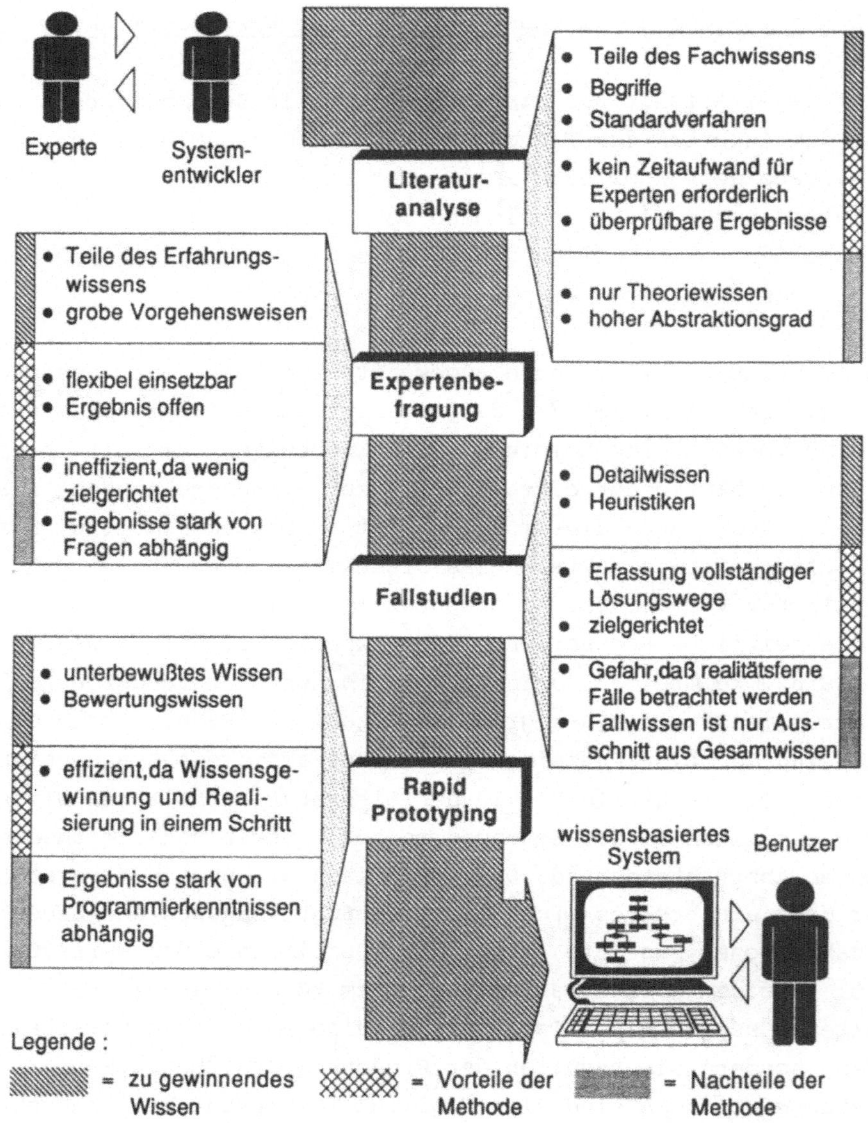

Bild 15: Heutige Methoden zur Wissensgewinnung

Im Gegensatz zu den oben genannten Methoden ist die Methode des Rapid Prototypings eine Methode des Software Engineerings. Das Rapid Prototyping kann jedoch auch zur Wissensgewinnung genutzt werden. Auf der Basis eines ersten Systemprototyps wird das zusammen mit dem Experten bestimmte Wissen direkt im Rechner repräsentiert und getestet. Hierdurch kann sehr zielgerichtet die Qualität des Wissens überprüft werden sowie Wissenslücken aufgedeckt werden. Auf iterativem Wege entsteht aus dem Prototyp ein anwendungsreifes System für den Benutzer. Voraussetzung für die Anwendung dieser Methode sind fundierte Programmierkenntnisse des Systementwicklers sowie Programmiersprachen und Softwarehilfsmittel, die eine permanente Systemveränderung unterstützen /44,45/.

Obgleich die Wissensgewinnung von zahlreichen Autoren als die Hauptaufgabe bei der Entwicklung wissensbasierter Systeme genannt wird, befinden sich die Methoden zur Wissensgewinnung auf einem niedrigen Entwicklungsstand /71,73,80,71/. Dies gilt besonders für die Anwendung der Methoden im technischen Bereich, wie z. B. in der Vorrichtungskonstruktion. Die Ursachen hierfür liegen zu einem Teil in der Herkunft der Methoden. Die ersten größeren wissensbasierten Systeme wurden im Bereich der Medizin, der Chemie und der Ölexploration entwickelt. Bei der parallel verlaufenen Entwicklung von Methoden zur Wissensgewinnung wurden daher Anforderungen aus dem Maschinenbau nicht berücksichtigt. Auch bei der ab Anfang der 80-er Jahre einsetzenden Entwicklung von Expertensystemen für die Konstruktion stand die Wissensgewinnung im Hintergrund. Aufgrund der im Vergleich zu regelbasierten Diagnosesystemen wesentlich höheren Komplexität von Konstruktionssystemen lag der Entwicklungsschwerpunkt auf der Realisierung von Prototypsystemen. Zum Aufbau der hierbei vergleichsweise kleinen Wissensbasen waren keine hochentwickelten Methoden zur Wissensgewinnung notwendig.

Bild 16 stellt - bezogen auf die Vorrichtungskonstruktion - die Schwachstellen bei den heutigen Methoden zur Wissensgewinnung dar. Hier ist zunächst die Unvollständigkeit der Methoden im Hinblick auf die differenzierte Berücksichtigung der verschiedenen Wissensarten, Wissensquellen und Hilfsmittel zu nennen. So werden z. B. Methoden benötigt, um das in Zeichnungen dokumentierte Konstruktionswissen zu analysieren. Ebenso ist unklar, wie z. B. moderne, statistische Verfahren zur Ableitung von Regeln eingesetzt werden können.

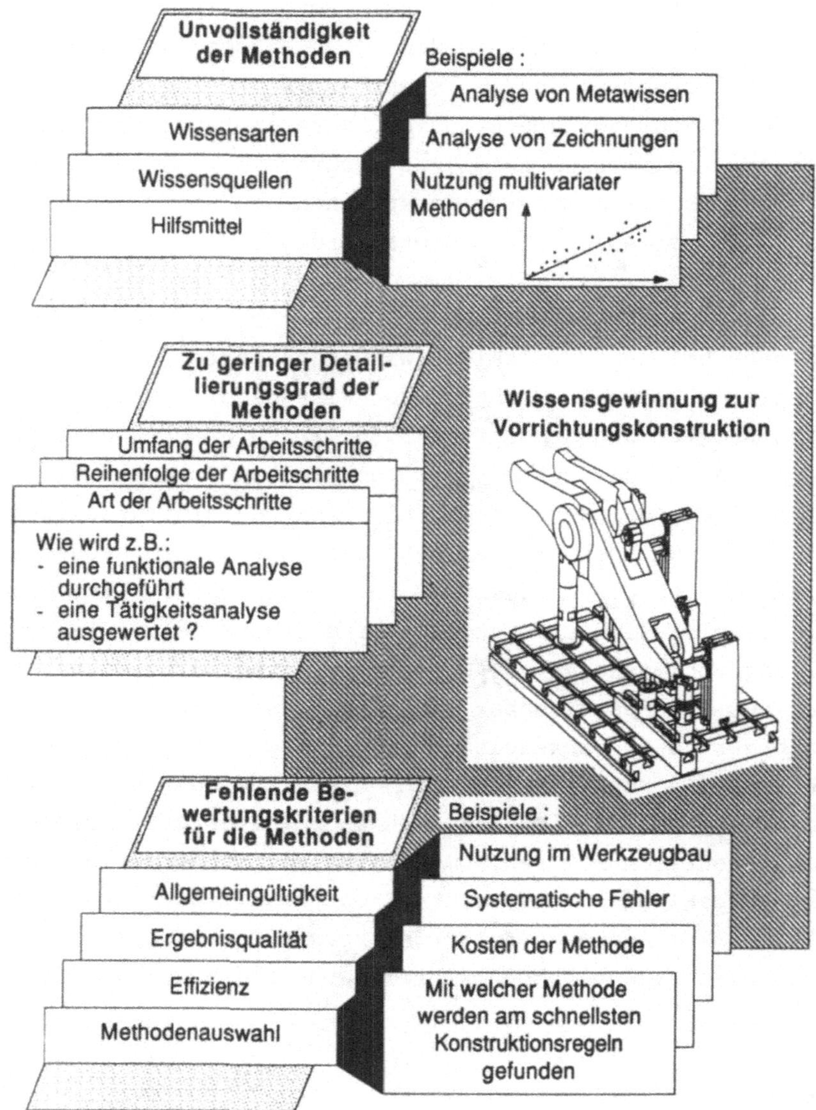

Bild 16: Methodische Lücken bei der Wissensgewinnung im Bereich der Vorrichtungskonstruktion

Ein weiterer Mangel der heutigen Methoden ist ihr zu geringer Detaillierungsgrad. Die Grundprinzipien der Wissensgewinnung werden in der Literatur erläutert, offen bleiben jedoch die Art, die Reihenfolge und der Umfang der einzelnen Arbeitsschritte für das konkrete Anwendungsgebiet /71,73,80,81/.

Zusätzlich erschwert wird die Wissensgewinnung durch fehlende Bewertungskriterien. Dabei handelt es sich zum einen um Kriterien zur Methodenauswahl und zum anderen um Kriterien zur Beurteilung der Allgemeingültigkeit, der Ergebnisse und der Effizienz der Methoden.

3.1.3 Entwicklung weiterer Methoden zur Wissensgewinnung

Im Abschnitt 3.1.2 wurden die vorhandenen Methoden zur Wissensgewinnung beschrieben. Für die Wissensgewinnung im Konstruktionsbereich sind diese Methoden nicht ausreichend. Aus diesem Grunde werden neben der Weiterentwicklung der vorhandenen Methoden nachfolgend zusätzliche Methoden zur Wissensgewinnung beschrieben.

Die zielgerichtete Analyse von Konstruktionswissen setzt beim Wissensingenieur die Kenntnis grundlegender Begriffe, Aufgabenstellungen und Vorgehensweisen im jeweiligen Konstruktionsgebiet voraus. Nur auf der Basis dieser Kenntnisse ist er in der Lage, Konstruktionsunterlagen sachgerecht zu interpretieren oder z. B. präzise Fragen an den Konstrukteur zu stellen /87,88/.

Die Literaturanalyse bildet eine Möglichkeit zur Aneignung dieses Grundwissens (Bild 17). Eine besondere Bedeutung kommt dabei den Katalogen der Vorrichtungshersteller sowie den Werksnormen der Vorrichtungsanwender zu. In diesen Unterlagen sind aktuelle Informationen zu eingesetzten Vorrichtungselementen und Standardvorrichtungen enthalten. Im Anschluß an die Literaturbeschaffung erfolgt die Bestimmung der für den Konstruktionsprozeß relevanten Objekte. Hierzu können die bereits genannten Vorrichtungselemente, Werkstücke oder auch Fertigungseinrichtungen gehören. Das auf diesem Wege gewonnene Wissen ist Bestandteil des später im wissensbasierten System zu implementierenden Objektwissens. Zu diesem Wissen gehören allerdings auch Strukturinformationen zu den Konstruktionsobjekten. Nach der Bestimmung der Konstruktionsobjekte ist daher zu klären, in welcher Beziehung die Objekte zueinander stehen. Dabei kann es sich sowohl um hierarchische als auch netzartige Strukturen handeln. Die Montagestruktur einer Baukastenvorrichtung kann z. B. hierarchisch dargestellt werden.

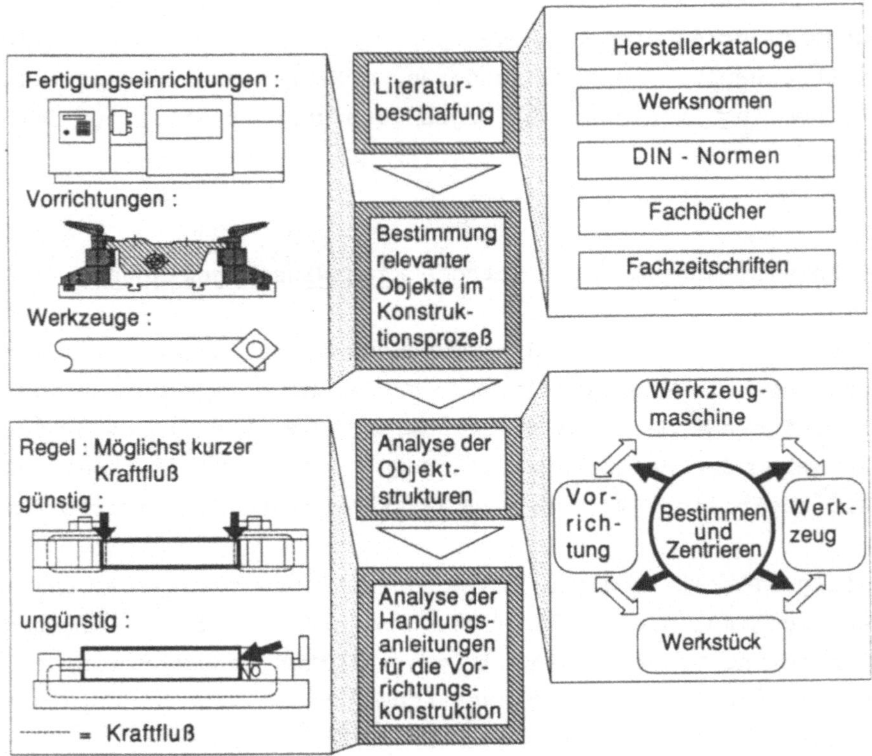

Bild 17: Wissensgewinnung mit Hilfe der Literaturanalyse

Den letzten Schritt bei der Literaturanalyse bildet die Auswertung von Handlungsanleitungen für die Vorrichtungskonstruktion. In Fachbüchern werden häufig Konstruktionsregeln und Konstruktionsvorgehensweisen beschrieben. Dieses als prozedural zu bezeichnende Wissen beinhaltet Angaben zum Ablauf des Konstruktionsprozesses und zur Einordnung der Konstruktionsobjekte in den Konstruktionsprozeß.

Da mit Hilfe der Literaturanalyse in der Regel nur Teile des für die Vorrichtungskonstruktion in einem Unternehmen notwendigen Wissens bestimmt werden können, sind zusätzliche Methoden zur Wissensgewinnung notwendig. Diese Methoden sollten es u. a. ermöglichen, die in der Vorrichtungskonstruktion entstehenden Unterlagen zu analysieren. Diese Unterlagen, wie Vorrichtungszeichnungen, Stücklisten und Fotos zur Dokumentation von Baukastenvorrichtungen, repräsentieren implizit einen wesentlichen Teil des unternehmensspezifischen Konstruktionswissens.

Besonders geeignet zur Analyse der in den Konstruktionsunterlagen enthaltenen großen Datenmengen sind statistische Verfahren (Bild 18) /19,89,90/. So können mit Hilfe der Häufigkeitsanalyse die vom Konstrukteur bevorzugten Konstruktionselemente oder charakteristische Maße, wie z. B. die Auflagehöhe der Werkstücke, ermittelt werden. Ebenso lassen sich die Wahrscheinlichkeiten für die Anwendung bestimmter Regeln sogenannte Konfidenzfaktoren berechnen. Ein anderes statistisches Verfahren, die Korrelationsanalyse, ermöglicht es, gegenseitige Abhängigkeiten zwischen Vorrichtungselementen aufzudecken. So werden Spannelemente häufig zusammen mit speziellen Auflage-oder Positionierelementen verwendet. Die ermittelten Korrelationen können direkt in die Formulierung von Regeln einfließen. Weniger zur Ableitung von Regeln, als mehr zur Bestimmung von Bewertungsfaktoren und Berechnungsformeln, kann die Regressionsanalyse genutzt werden. Mit ihrer Hilfe kann die Abhängigkeit einer Zielvariable, wie z. B. die Montagezeit einer Vorrichtung, von unabhängigen Variablen quantifiziert werden. Diese unabhängigen Variablen können die Anzahlen verwendeter Vorrichtungselemente, Werkstückdaten oder ähnliche Größen sein /11/. Die Handhabung der genannten statistischen Verfahren ist in der Literatur hinreichend beschrieben und wird zusätzlich durch marktgängige Programmpakete erleichtert /91-94/.

Während sich die statistischen Verfahren vorrangig zur Ermittlung quantitativer Zusammenhänge innerhalb großer Datenvolumina eignen, gibt die funktionale Analyse Hinweise auf die benutzte Konstruktionssystematik. Informationsquellen zur funktionalen Analyse sind in erster Linie Zeichnungen, Expertenbefragungen und Angaben zu Vorrichtungsfunktionen in der Literatur (Bild 19) /95-97/.

Der erste Arbeitsschritt bei der Anwendung der funktionalen Analyse besteht aus der Zerlegung von Vorrichtungen oder Vorrichtungselementen in Funktionen. Diese Zerlegung kann z. B. durch farbige Markierungen in den Zeichnungen dargestellt werden. Vor-

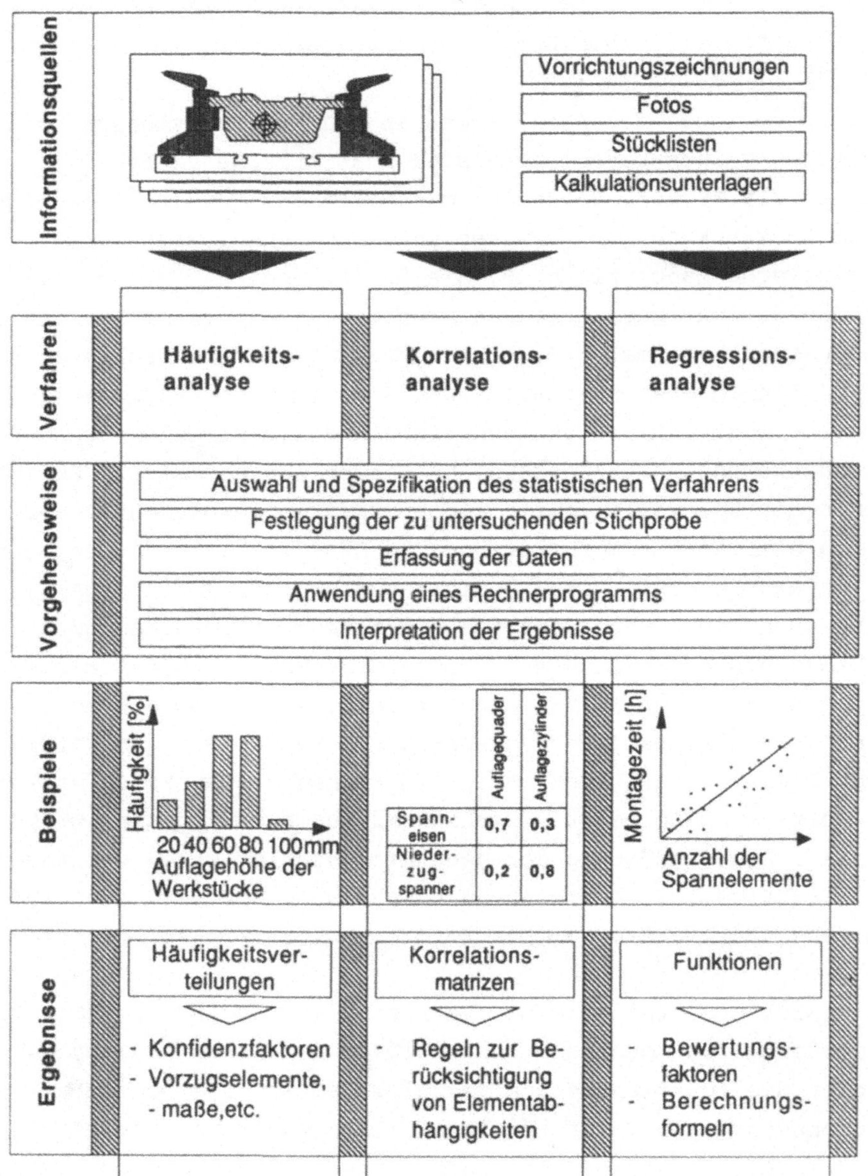

Bild 18: Wissensgewinnung mit Hilfe statistischer Verfahren

aussetzung für eine sinnvolle Definition der Funktionen ist die Festlegung eindeutiger Abgrenzungskriterien zwischen den Funktionen. Diese Festlegung sollte gemeinsam mit dem Konstrukteur erfolgen. Nur wenn die ermittelten Funktionen mit den Funktionen

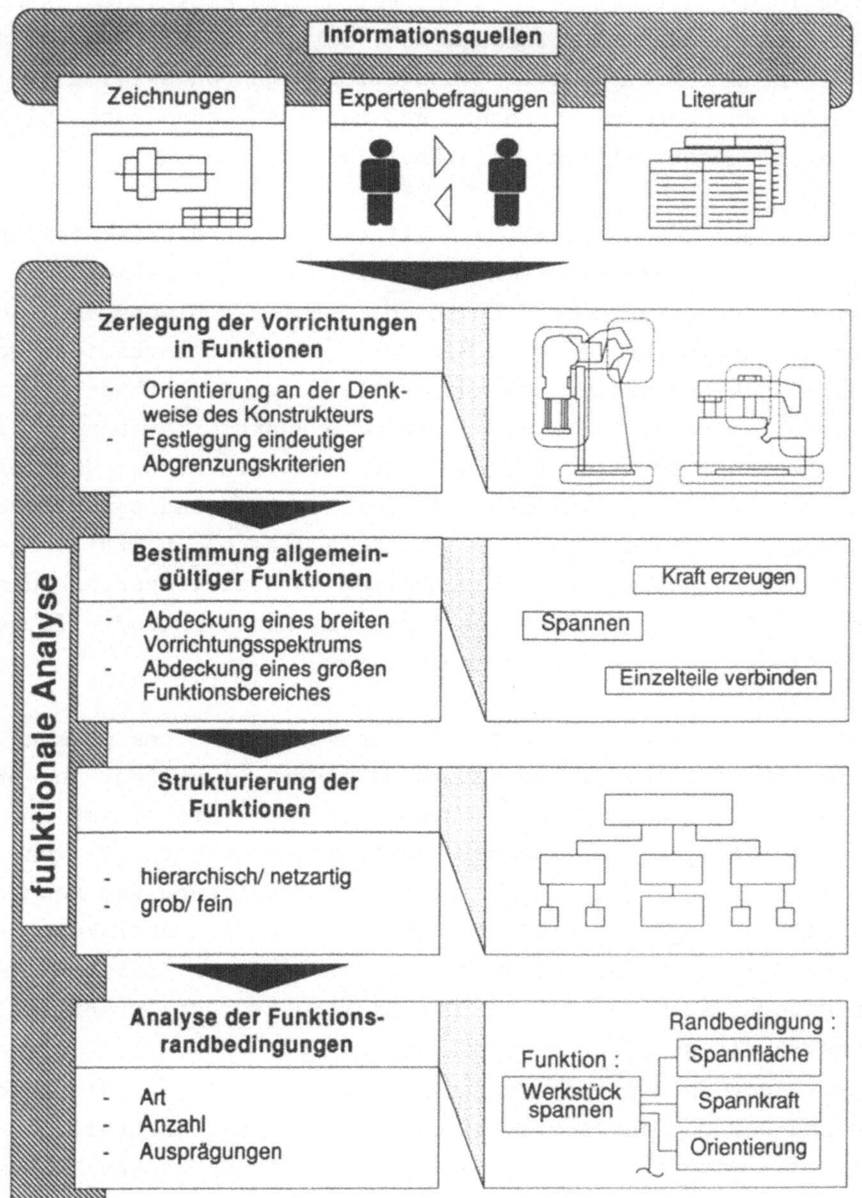

<u>Bild 19:</u> Wissensgewinnung mit Hilfe der funktionalen Analyse

übereinstimmen, die dem Konstrukteur bekannt sind, wird er zu diesen Funktionen Angaben aus seinem Erfahrungswissen machen können. Aus diesem Grunde ist auch die Bestimmung allgemeingültiger Funktionen von Bedeutung, die für eine Vielzahl von Vorrichtungskonstruktionen Gültigkeit besitzen. Bei diesen Funktionen, wie z. B. "Spannen" oder "Kraft erzeugen", ist gewährleistet, daß zum einen der Konstrukteur auf ein fundiertes Erfahrungswissen zurückgreifen kann und zum anderen, daß die Funktionen auch bei zukünftigen Neukonstruktionen relevant sind.

Im Hinblick auf Neukonstruktionen ist es weiterhin erforderlich, die Strukturbeziehungen zwischen den definierten Funktionen zu analysieren. Dabei kann es sich sowohl um hierarchische als auch netzartige Strukturen handeln. Mit Hilfe der Strukturbeziehungen kann z. B. geklärt werden, welche zusätzlichen Funktionen realisiert werden müssen, falls eine bestimmte Funktion vorhanden ist. Zur Beantwortung derartiger Fragen ist weiterhin Wissen über die Randbedingungen der Funktionen erforderlich. Randbedingungen von Vorrichtungsfunktionen können u. a. die auftretenden Kräfte oder Werkstückeigenschaften sein. Die Analyse der Funktionsrandbedingungen, die in enger Zuammenarbeit mit dem Konstrukteur erfolgen muß, schließt die funktionale Analyse ab.

Eine wesentliche Zielsetzung bei der Entwicklung eines wissensbasierten Systems für die Vorrichtungskonstruktion liegt in der Nachbildung des realen Konstruktionsprozesses. Hierbei ist die Analyse der Tätigkeiten, die der Konstrukteur durchführt, von zentraler Bedeutung. Als Basis für die Tätigkeitsanalyse können sowohl vorhandene Vorrichtungen dienen oder neue Konstruktionsaufgaben (Bild 20). Bei der Verwendung vorhandener Vorrichtungen muß in enger Zusammenarbeit mit dem Konstrukteur der ursprüngliche Konstruktionsprozeß rekapituliert werden. Der Vorteil dieses Ansatzes liegt in der Analyse "echter" Konstruktionen, die unter realen Bedingungen entstanden sind. Dem steht der Nachteil gegenüber, daß wichtige Details des Konstruktionsprozesses bei der Rekapitulation übersehen werden können. Diese Gefahr ist geringer, wenn dem Konstrukteur neue Konstruktionsaufgaben gestellt werden. In diesem Fall ist es für den Wissensingenieur möglich, jeden einzelnen Arbeitsschritt des Konstrukteurs zu erfassen und zu hinterfragen.

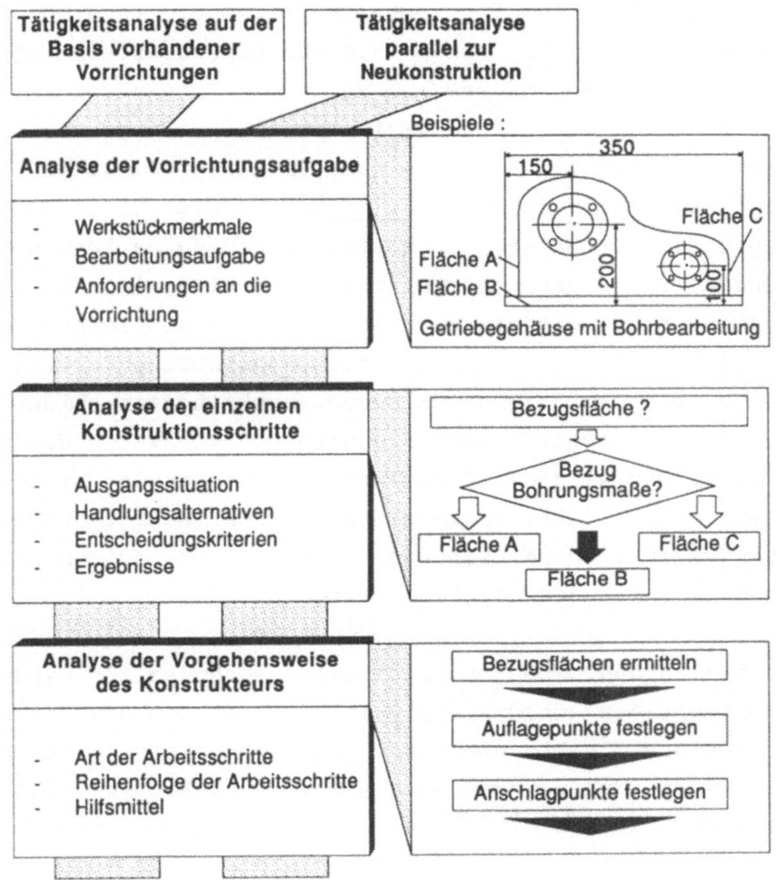

Bild 20: Wissensgewinnung mit Hilfe der Tätigkeitsanalyse

Die Tätigkeitsanalyse beginnt mit der Analyse der Vorrichtungsaufgabe. Es muß untersucht werden, welche Merkmale des Werkstükkes und der Bearbeitungsaufgabe für den Konstruktionsprozeß relevant sind. Das gleiche gilt für die Anforderungen an die Vorrichtung. Nachfolgend werden dann die Arbeitsschritte des Konstrukteurs protokolliert. Hierbei ist ein besonderes Gewicht auf die Ermittlung der jeweiligen Handlungsalternativen sowie die zur Entscheidungsfindung erforderlichen Kriterien zu legen. Aus der Analyse der Arbeitsschritte ergibt sich sukzessive die Analyse der Vorgehensweise des Konstrukteurs. Hier ist vor allem die Reihenfolge und der Umfang der einzelnen Arbeitsschritte von Bedeutung.

Bei der Analyse konstruktiver Details ist es vielfach für den Konstrukteur schwer, die Gründe, die für eine spezielle Lösung sprechen, vollständig und präzise zu nennen. Die vergleichende Bewertung alternativer Lösungsvarianten (z. B. Integrationsmöglichkeiten für Anstellschrauben) kann in dieser Situation als Hilfsmittel eingesetzt werden (Bild 21). Um die zeitliche Beanspruchung des Experten so gering wie möglich zu halten, sollten die Lösungsalternativen zunächst vom Wissensingenieur entwickelt werden. Im Gespräch mit dem Experten können anschließend Konstruktionsfehler beseitigt bzw. der Lösungskatalog vervollständigt werden. Die Ermittlung von Bewertungskriterien bildet den nächsten Arbeitsschritt. Durch den direkten Vergleich der Lösungsalternativen wird die Formulierung zutreffender Kriterien erleichtert. Die gleiche Wirkung wird bei der Bewertung der Alternativen erzielt. Dabei wird der Experte auch Angaben zur Gewichtung der Bewertungskriterien machen können.

Im Gegensatz zu den bisher beschriebenen Methoden zur Wissensgewinnung erlaubt das Rapid Prototyping als Methode des Software Engineerings die direkte Überprüfung des ermittelten Wissens (Bild 22). Neben der erforderlichen Hard- und Software ist hierzu eine Grundidee für das wissensbasierte System notwendig. Damit ist die Systemrealisierung auf der Basis des Rapid Prototypings direkt mit der Wissensgewinnung verbunden. Durch die enge Verknüpfung werden Informationsverluste auf dem Weg von der Wissensgewinnung bis zur Systemrealisierung weitgehend vermieden.

Der Kerngedanke des Rapid Prototypings besteht darin, durch fortwährende Eingabe- und Testzyklen die Wissensbasis des Prototyps schrittweise auszubauen und zu verbessern. Durch die Interaktion von Wissensingenieur und Experte mit dem System können Fehlschlüsse und Wissenslücken sofort entdeckt werden. Damit lassen sich sowohl zufällige als auch systematische Fehler beim Systemaufbau entdecken. Ein zufälliger Fehler kann die Angabe einer unzutreffenden Baulänge zu einem Spannzylinder sein, während ein systematischer Fehler je nach Anwendungsfall z. B. die Nutzung der Vorwärts- anstelle der Rückwärtsverkettung für Regeln sein könnte /44,45/.

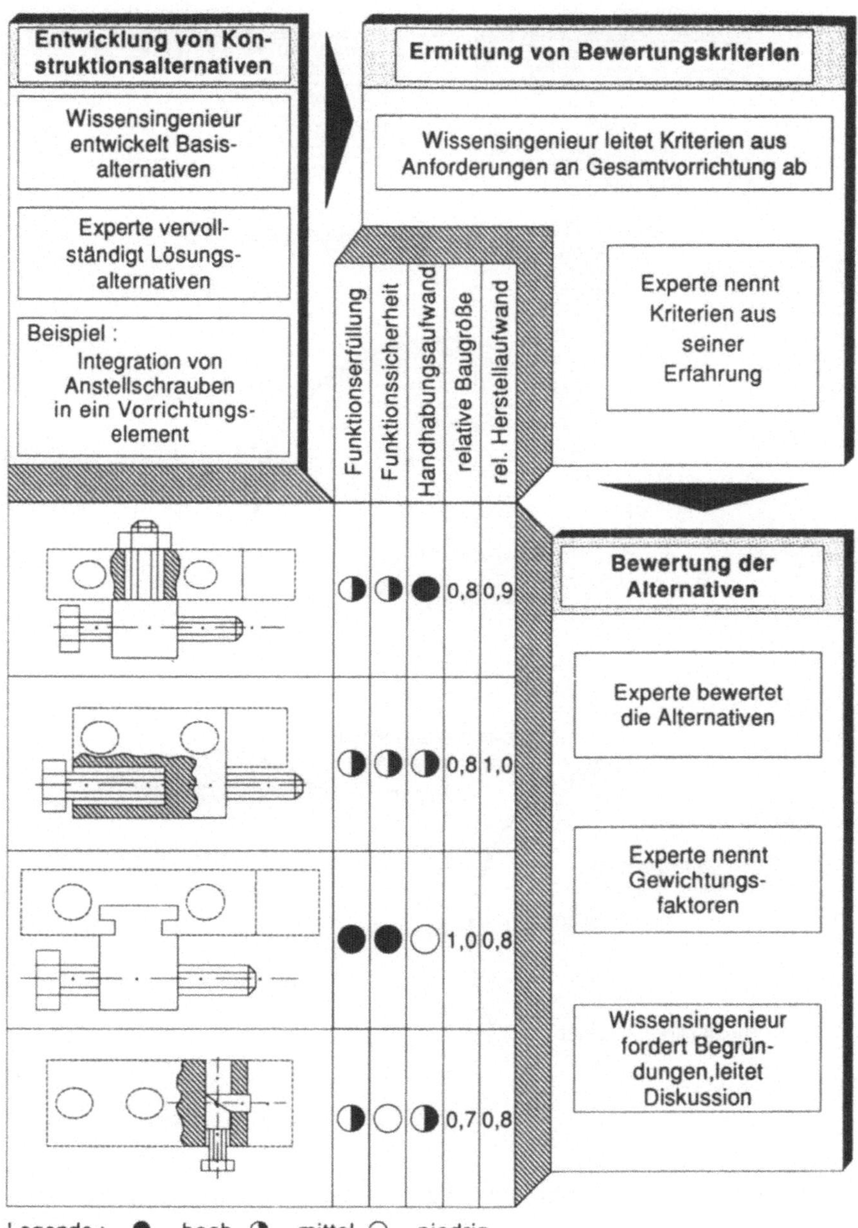

Bild 21: Wissensgewinnung mit Hilfe der vergleichenden Bewertung

Die zielgerichtete Nutzung der o. g. Methoden zur Wissensgewinnung setzt die Zuordnung der Methoden zu den Wissensarten bei der Vorrichtungskonstruktion voraus. Bild 23 stellt die Ergebnisse

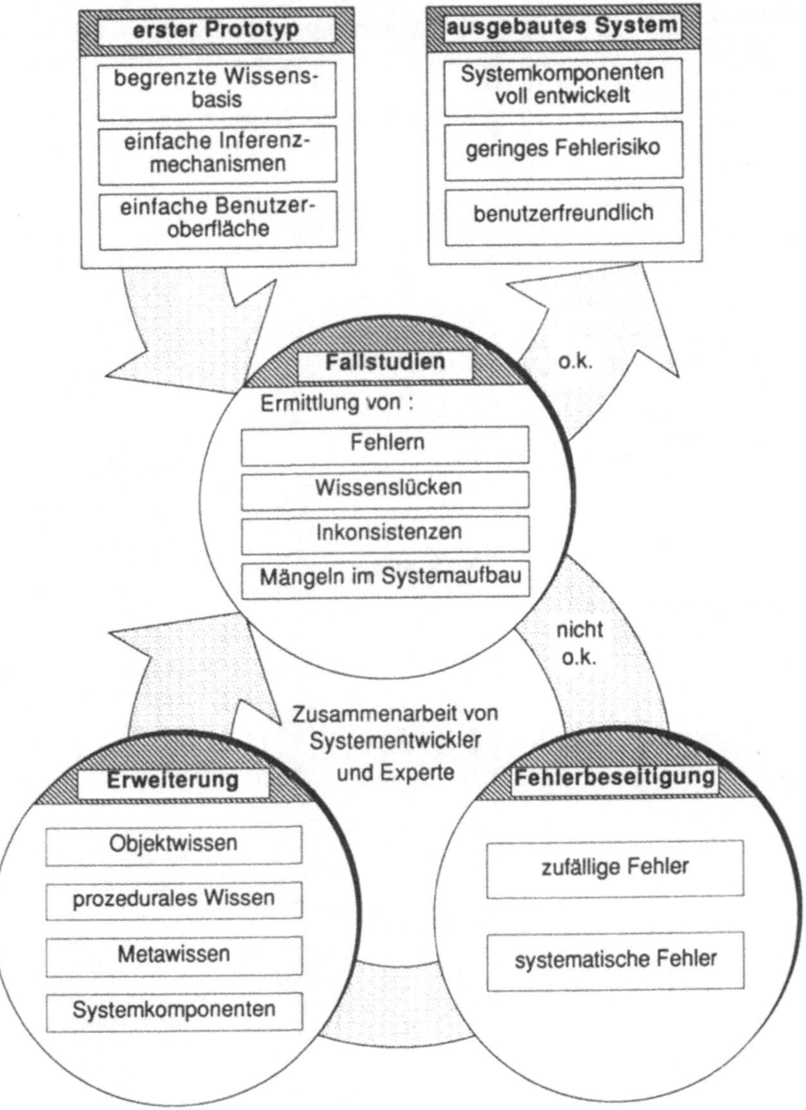

Bild 22: Wissensgewinnung und Systemrealisierung auf der Basis des Rapid Prototypings

dieser Zuordnung dar. Die vertikale Achse spiegelt die Anwendungsbereiche der Wissensarten Objektwissen, prozedurales Wissen und Metawissen wieder. In horizontaler Richtung ist die Eignung der einzelnen Methoden zur Gewinnung des jeweils spezifisch erforderlichen Wissens aufgetragen.

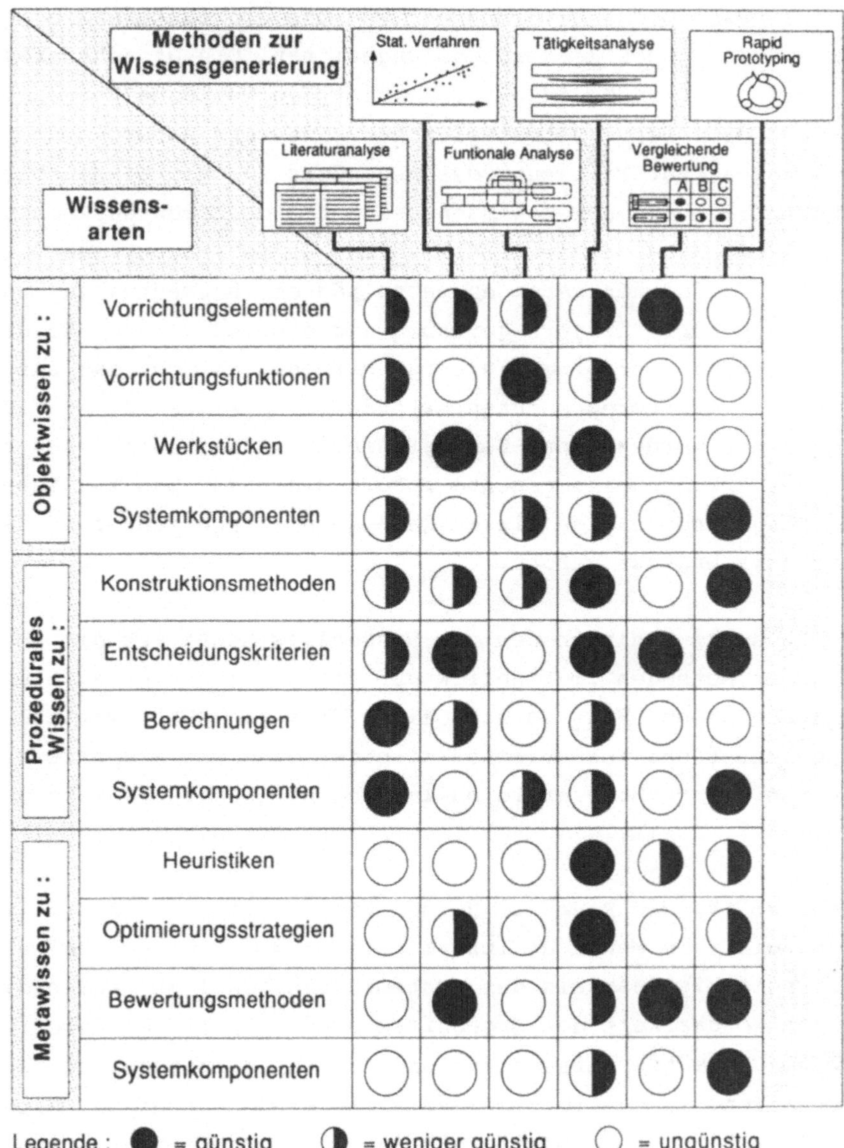

Bild 23: Zuordnung der Methoden der Wissensgewinnung zu den Wissensarten

Es läßt sich erkennen, daß sich mit keiner Methode alle Wissensarten gut erfassen lassen. Den weitesten Anwendungsbereich überdeckt die Tätigkeitsanalyse. Mit ihrer Hilfe kann sowohl Objektwissen, prozedurales Wissen als auch Metawissen ermittelt werden.

Demgegenüber sind die Literaturanalyse und die funktionale Analyse zur Erfassung des Metawissens ungeeignet. Die Ursache hierfür liegt darin, daß z. B. in der Literatur heuristische Vorgehensweisen und Optimierungsstrategien nur eine sehr untergeordnete Rolle spielen. Zur Erfassung des besonders für ein wissensbasiertes System relevanten Metawissens eignet sich neben der schon genannten Tätigkeitsanalyse vor allem das Rapid Prototyping (siehe Seite 44). Anhand konkreter Aufgaben können "Daumenregeln" und "Kniffe" des Konstrukteurs gefunden und erprobt werden. Ebenso ist das Rapid Prototyping diejenige Methode, mit der das für die Funktion der Systemkomponenten erforderliche Wissen am einfachsten gewonnen werden kann. Bei der Arbeit am Rechner werden z. B. Mängel der Erklärungskomponente sofort sichtbar. Das zur Behebung dieser Mängel notwendige Wissen kann dann zielgerichtet in der Wissensbasis ergänzt werden.

Bei der Auswahl von Methoden zur Wissensgewinnung ist die Beurteilung der Methoden im Hinblick auf die Wissensarten alleine nicht ausreichend. Bild 24 gibt einen Überblick über weitere Bewertungskriterien. Wesentliche Kriterien sind die Ergebnisse, die sich mit einer Methode erzielen lassen, der hierzu notwendige Aufwand sowie die Allgemeingültigkeit der Methode.

Als Maßstab für die Beurteilung der Ergebnisse in quantitativer Hinsicht gilt die Menge an Informationen, die sich pro Zeiteinheit für die Wissensbasis des Systems ableiten läßt. Durch die direkte Anwendbarkeit der Ergebnisse sind nach diesem Bewertungskriterium die Tätigkeitsanalyse und das Rapid Prototyping positiv zu beurteilen. In qualitativer Hinsicht sind Ergebnisse zu bevorzugen, die möglichst unbeeinträchtigt von subjektiven Meinungen eines Experten sind. Eine in diesem Sinne gute Ergebnisqualität liefern die statistischen Verfahren, die vergleichende Bewertung und das Rapid Prototyping. Bei den genannten Methoden wird die Ergebnisqualität vor allem durch die relativ einfache Überprüfbarkeit der Ergebnisse gewährleistet.

Bei der Beurteilung des Aufwands für die Anwendung einer Methode zur Wissensgewinnung muß vor allem die zeitliche Beanspruchung

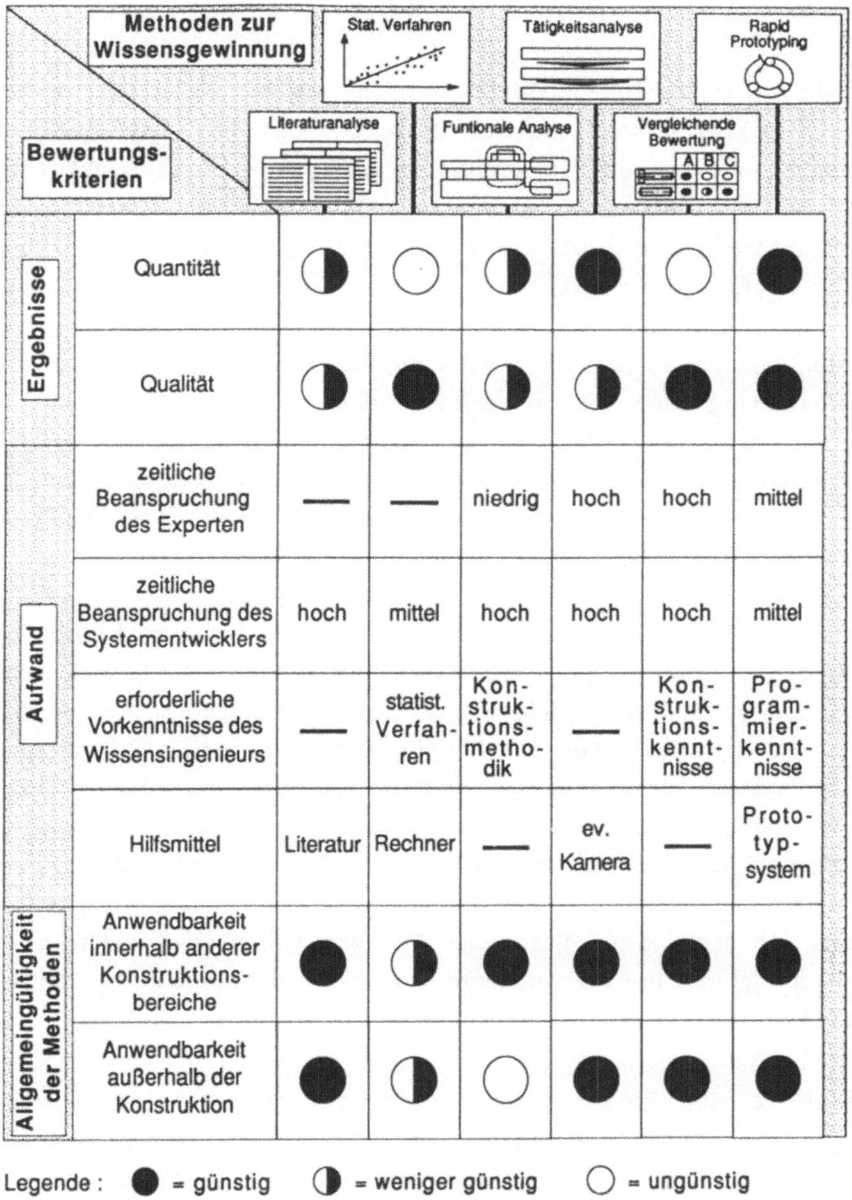

Bewertungskriterien		Literaturanalyse	Stat. Verfahren	Funtionale Analyse	Tätigkeitsanalyse	Vergleichende Bewertung	Rapid Prototyping
Ergebnisse	Quantität	◐	○	◐	●	○	●
	Qualität	◐	●	◐	◐	●	●
Aufwand	zeitliche Beanspruchung des Experten	—	—	niedrig	hoch	hoch	mittel
	zeitliche Beanspruchung des Systementwicklers	hoch	mittel	hoch	hoch	hoch	mittel
	erforderliche Vorkenntnisse des Wissensingenieurs	—	statist. Verfahren	Konstruktionsmethodik	—	Konstruktionskenntnisse	Programmierkenntnisse
	Hilfsmittel	Literatur	Rechner	—	ev. Kamera	—	Prototypsystem
Allgemeingültigkeit der Methoden	Anwendbarkeit innerhalb anderer Konstruktionsbereiche	●	◐	●	●	●	●
	Anwendbarkeit außerhalb der Konstruktion	●	◐	○	●	●	●

Legende: ● = günstig ◐ = weniger günstig ○ = ungünstig

Bild 24: Bewertung der Methoden zur Wissensgewinnung

des Experten und die erforderlichen Vorkenntnisse des Wissensingenieurs berücksichtigt werden. So kann mit Hilfe der Literaturanalyse und der statistischen Verfahren Konstruktionswissen abgeleitet werden, ohne daß ein erfahrener Konstrukteur konsultiert werden muß.

Die Allgemeingültigkeit der beschriebenen Methoden ist in den meisten Fällen gewährleistet. Lediglich bei den statistischen Verfahren und bei der funktionalen Analyse sind Einschränkungen möglich, da nicht immer auswertbares Datenmaterial vorliegt bzw. die funktionale Denkweise vielfach außerhalb des Konstruktionsbereichs nicht verbreitet ist.

Aus den beschriebenen Eigenschaftsprofilen der Methoden zur Wissensgewinnung läßt sich eine Vorgehensweise für die Wissensgewinnung im Bereich der Vorrichtungskonstruktion ableiten (Bild 25). Hierbei erscheint der Verzicht auf einzelne Methoden nicht sinnvoll, da nur durch die Kombination der Methoden alle Arten des Konstruktionswissens effizient erfaßt werden können.

Eine wesentliche Zielsetzung hierbei ist es, die zeitliche Belastung des Vorrichtungskonstrukteurs gering zu halten und den Informationsgehalt vorhandener Unterlagen zu nutzen. Aus diesem Grunde stehen die Literaturanalyse und die statistischen Verfahren zu Beginn der Wissensgewinnung. Auf der Basis des mit den genannten Methoden bestimmten Grundwissens sollte anschließend in Zusammenarbeit mit dem Konstrukteur die funktionale Analyse bestehender Vorrichtungen erfolgen. Durch die umfangreichen Vorarbeiten ist dann eine effiziente Tätigkeitsanalyse gewährleistet. Die Klärung von Detailproblemen sollte abschließend mit Hilfe der vergleichenden Bewertung durchgeführt werden.

Parallel zu den drei letzten Arbeitsschritten ist die Umsetzung der gewonnenen Informationen in ein Prototypsystem zu empfehlen. Anhand der Erfahrungen mit dem Prototyp kann damit der Wissensgewinnungsprozeß kontrolliert und gesteuert werden. Daneben trägt die Prototypentwicklung zur Motivation des Experten bei, da dieser die Nutzung seiner Angaben erlebt.

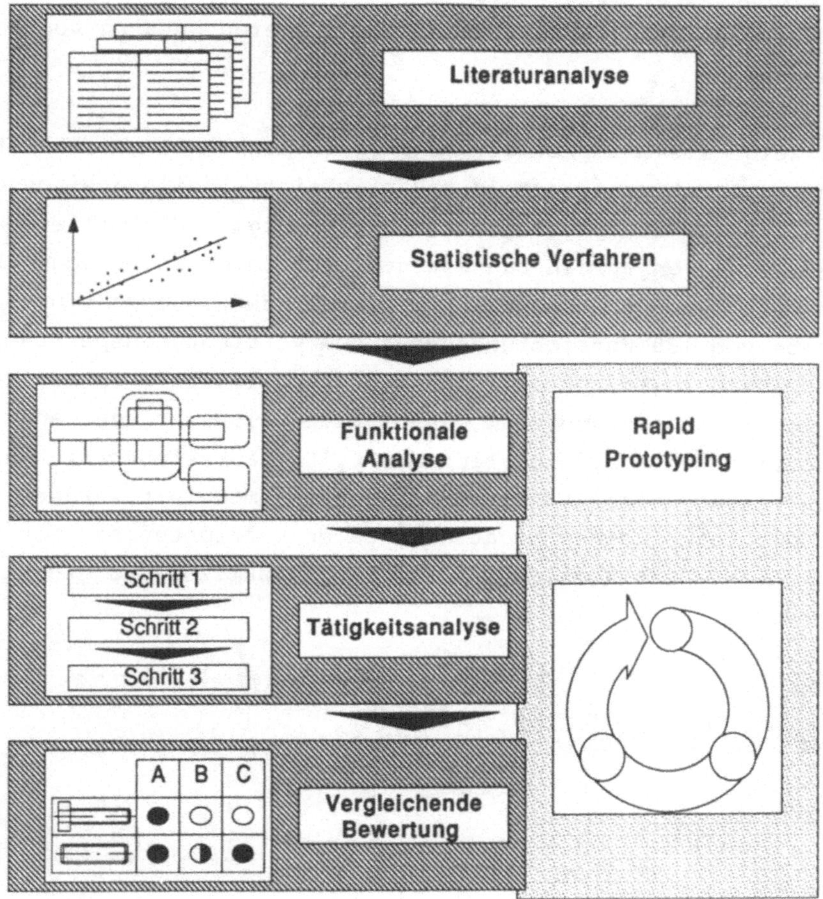

Bild 25: Vorgehensweise zur Wissensgewinnung in der Vorrichtungskonstruktion

3.1.4 Anwendung der Methoden

In Zusammenarbeit mit mehreren Unternehmen aus dem Bereich des Maschinenbaus wurden die genannten Methoden zur Wissensgewinnung angewandt. Dabei lag ein Schwerpunkt auf der Analyse von Wissen zur Konstruktion und zur Nutzung von Vorrichtungselementen. Die

Ursachen liegen zum einen in dem durch die Nutzung standardisierter Vorrichtungselemente erschließbaren Rationalisierungspotential und zum anderen in der zunehmend stärkeren Nutzung von Baukastensystemen.

Bild 26 zeigt als Beispiel für mehrere im Rahmen dieser Arbeit durchgeführte Untersuchungen die Häufigkeitsverteilung eingesetzter Funktionselemente in Baukastenvorrichtungen. Mit Hilfe statistischer Verfahren wurden Baukastenvorrichtungen eines schweizerischen Unternehmens untersucht. Hierzu wurde zunächst eine Stichprobe von 160 Vorrichtungen aus dem Vorrichtungsspektrum des Unternehmens gezogen. Der Stichprobenumfang resultierte aus dem heterogenen Werkstückspektrum, das individuell sehr unterschiedliche Vorrichtungen erforderlich macht. Da Baukastenvorrichtungen nach Bearbeitung eines Loses in der Regel demontiert werden, wurden für die Untersuchung nicht die realen Vorrichtungen, sondern Dokumentationsunterlagen, wie Fotos, Aufbauskizzen und Stücklisten, benutzt.

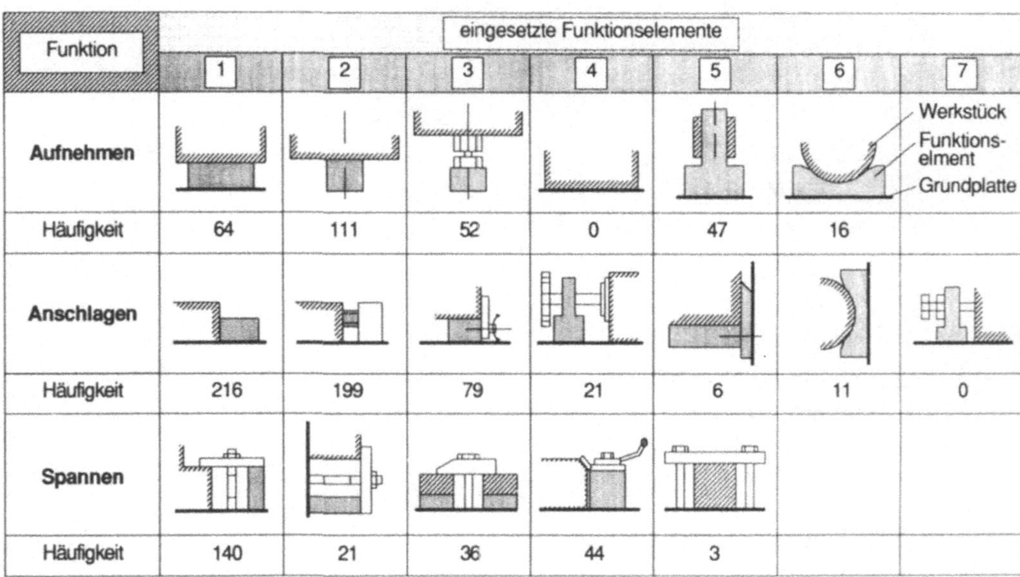

Funktion	eingesetzte Funktionselemente						
	1	2	3	4	5	6	7
Aufnehmen							
Häufigkeit	64	111	52	0	47	16	
Anschlagen							
Häufigkeit	216	199	79	21	6	11	0
Spannen							
Häufigkeit	140	21	36	44	3		

Basis : 160 Baukastenvorrichtungen eines Maschinenbauunternehmens

Bild 26: Häufigkeitsverteilung eingesetzter Funktionselemente in Baukastenvorrichtungen

Auf der Basis einer funktionalen Analyse wurden die verwendeten Baukastenelemente zunächst einzelnen Vorrichtungsfunktionen zugeordnet. Zu diesen Funktionen zählt z. B. das "Aufnehmen, Anschlagen" und "Spannen". Anschließend wurden die Häufigkeitsverteilungen der Elemente in Abhängigkeit von den Vorrichtungsfunktionen ermittelt. Hierdurch konnten bevorzugte Elemente der Betriebsmittelkonstrukteure des Unternehmens ermittelt werden. Werkstückaufnahmen wurden vorwiegend durch Höhenzylinder, Anschläge durch Quader und Spannfunktionen durch vertikal wirkende Spanneisen realisiert.

Neben den Einzelhäufigkeiten der Vorrichtungselemente wurden u. a. die Kombinationshäufigkeiten der Elemente bestimmt. Hierbei wurden alle in enger räumlicher Nachbarschaft montierten Elemente berücksichtigt. Mit Hilfe dieser Auswertung konnten anhand von Korrelationsmatrizen wechselseitige Abhängigkeiten zwischen den Baukastenelementen bestimmt werden. So werden Spannelemente z. B. häufig mit Auflage- und Anschlagelementen montiert. Angestrebt wird hierdurch ein kurzer Kraftfluß in der Vorrichtung sowie der kompakte Aufbau von Funktionskomponenten.

Spannelemente waren aufgrund ihres vielfachen Einsatzes auch zentrale Objekte funktionaler Analysen. Bild 27 stellt die Ergebnisse mehrerer funktionaler Analysen für die Funktion "Spannen" dar. Hierbei wurden sowohl Baukastenvorrichtungen als auch Spezialvorrichtungen aus vier verschiedenen Unternehmen untersucht. Die betreffenden Vorrichtungen wurden im Bereich der spanenden Fertigung, der PKW-Karosseriemontage und der Glasindustrie eingesetzt. Basis für die funktionale Analyse waren real vorliegende Spezialvorrichtungen, Zeichnungen, Fotos von Baukastenvorrichtungen sowie Gespräche mit Vorrichtungskonstrukteuren. Ein wesentliches Ziel bei der funktionalen Analyse bestand darin, die Charakteristika der einzelnen Funktionen möglichst vollständig zu erfassen. Anhand der ermittelten Randbedingungen sollte die Beschreibung der Vorrichtungsfunktionen für die unterschiedlichsten Vorrichtungen präzise möglich sein.

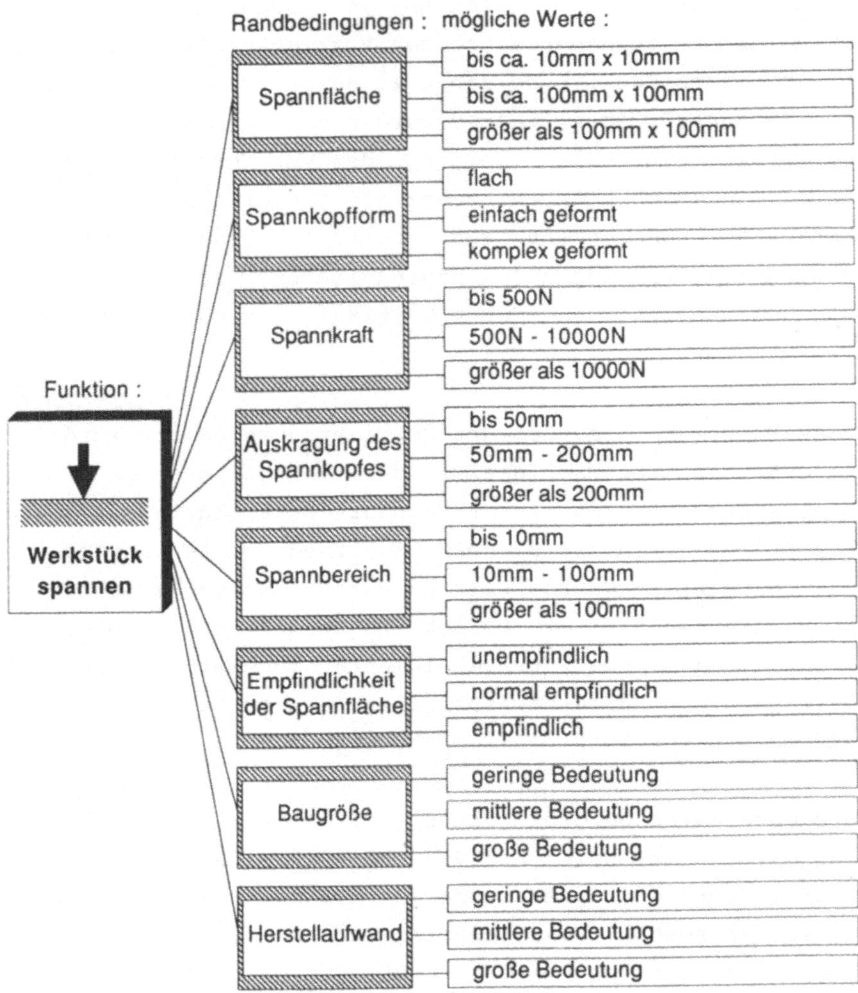

Bild 27: Randbedingungen zur Funktion "Werkstück spannen"

Das Beispiel der Funktion "Spannen" zeigt, daß die Grundfunktionen von Vorrichtungen durch eine Vielzahl von Randbedingungen und den dazugehörigen Werten gekennzeichnet sind (Bild 27). Die Mehrzahl der Randbedingungen hat ihren Ursprung in der Geometrie der zu spannenden Werkstücke. Daneben haben der Bearbeitungsprozeß sowie Gesichtspunkte der Automatisierung und des wirtschaftlichen Vorrichtungseinsatzes einen wesentlichen Einfluß auf die Randbedingungen der Funktionen /98,99/.

Im Detail beschrieben werden die Randbedingungen durch die Zuordnung von Werten. Um die eindeutige Zuordnung der Werte zu gewährleisten, wurde hier auf eine zu feine Differenzierung verzichtet. Es wurden je nach Randbedingung lediglich drei bis fünf Werte zugelassen (Bild 27).

Neben den Vorrichtungsfunktionen wurden mehrere hundert Konstruktionselemente zur Realisierung der Funktionen untersucht. Ein Beispiel hierfür ist der in Bild 28 dargestellte Kugelspannkopf. Den Randbedingungen der Funktionen stehen hier die Eigenschaften

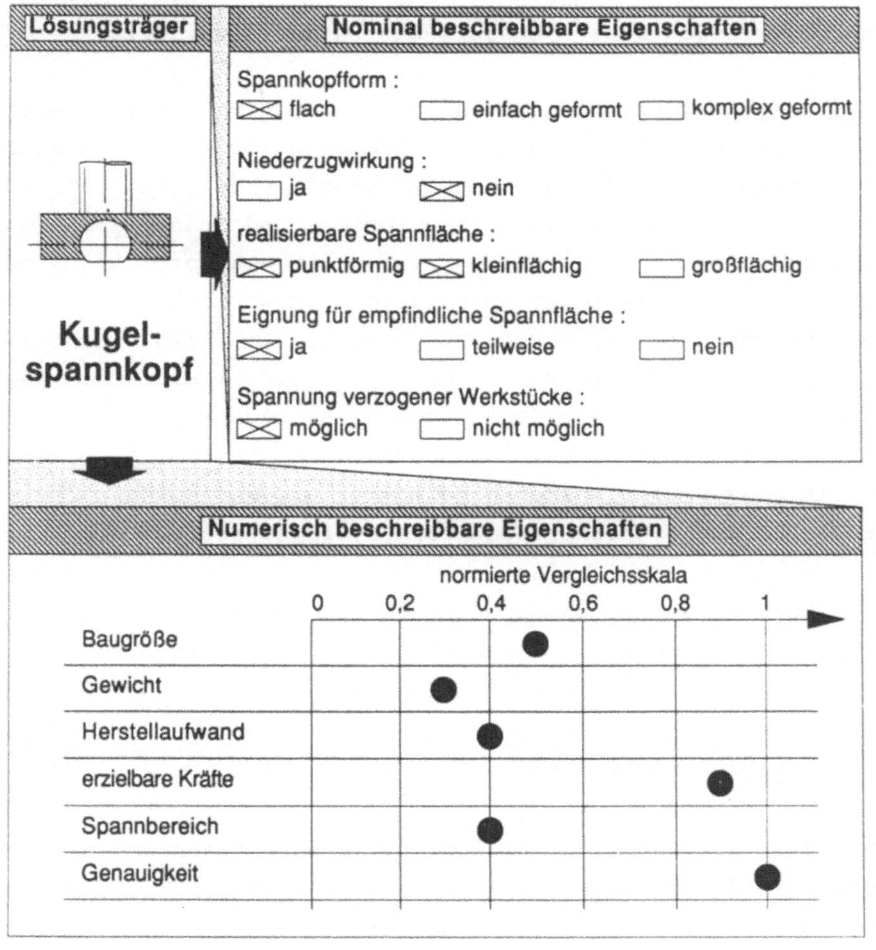

Bild 28: Eigenschaften eines Kugelspannkopfes

des jeweiligen Elementes gegenüber. Dabei kann zwischen nominal und numerisch beschreibbaren Eigenschaften unterschieden werden. Während die nominal beschreibbaren Eigenschaften meist eindeutig bestimmt werden können, erfolgte die Ermittlung der numerisch beschreibbaren Eigenschaften vielfach mit Hilfe der Methode der vergleichenden Bewertung. Hierdurch wurde die relative Einordnung des Elementes, z. B. nach dem Kriterium des Herstellaufwand, in bezug zu anderen Elementen möglich.

Die Festlegung der Vorrichtungsfunktionen sowie die Auswahl und Anordnung der Vorrichtungselemente kann zu einem großen Teil durch Konstruktionsregeln beschrieben werden /100,101,102/.

Bild 29 zeigt Beispiele für Regeln zur Anordnung von Spannelementen bei prismatischen Werkstücken. Diese Regeln wurden im Rahmen einer Tätigkeitsanalyse gewonnen. Zunächst wurde dabei untersucht, welche grundsätzlichen Positionier- und Spannprinzipien ein Konstrukteur zur Entwicklung einer Baukastenvorrichtung anwendet. Das dargestellte Beispiel zeigt ein Werkstück, das auf Auflagezylindern liegt, durch außenliegende Anschläge positioniert wird und mit Hilfe von Spanneisen in vertikaler Richtung gespannt werden soll. Die Regeln geben an, nach welchen Kriterien und in welcher Reihenfolge die Anordnung der Spannelemente erfolgt. In diesem Fall werden nach Ermittlung der Spannfläche schrittweise die einzelnen Spannpunkte eingegrenzt.

Auf ähnliche Weise wurden auch für andere Spann- und Positionierprinzipien die Regeln zur Elementanordnung bestimmt.

3.2 Wissensrepräsentation

Im Abschnitt 3.1 wurde die Wissensgewinnung betrachtet. Die Repräsentation des ermittelten Fach- und Erfahrungswissens im Rechner soll nachfolgend untersucht werden.

Mit der Erstellung von Flußdiagrammen bei der konventionellen Programmierung ist bei der Entwicklung wissensbasierter Systeme

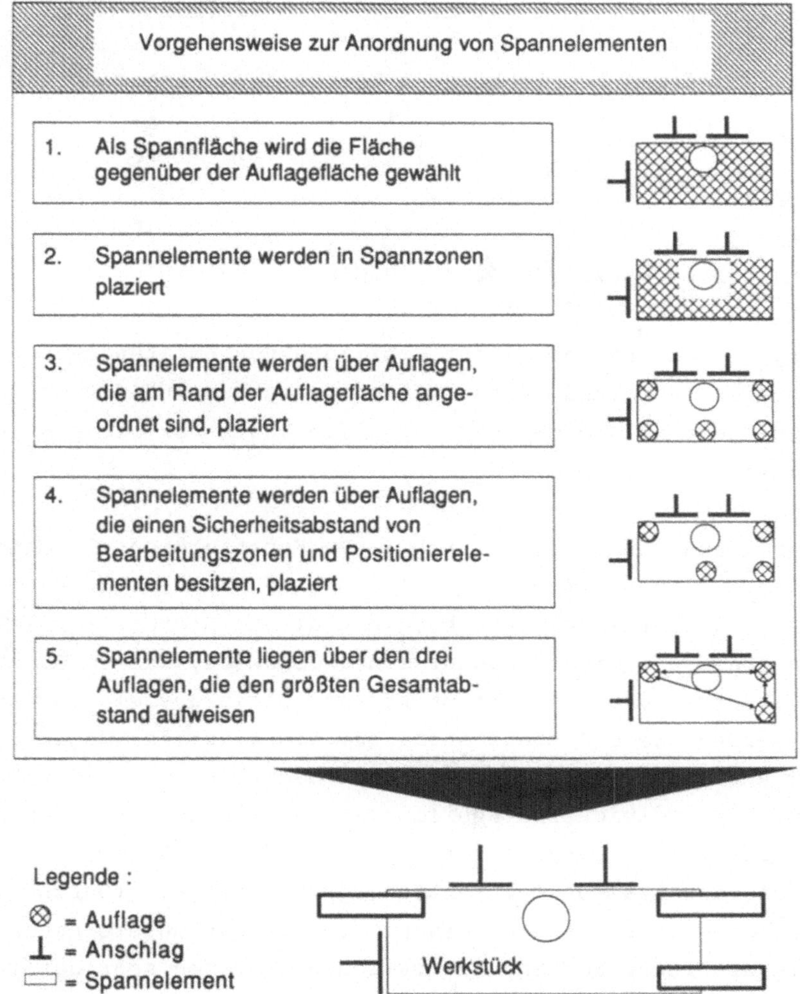

Bild 29: Vorgehensweise zur Anordnung von Spannelementen bei prismatischen Werkstücken

die Wissensrepräsentation auf den ersten Blick vergleichbar. Der Unterschied zwischen beiden Tätigkeiten ist jedoch erheblich. Mit Hilfe von Flußdiagrammen werden vorwiegend Handlungsabläufe und Algorithmen nachgebildet. Demgegenüber steht bei der Wissensrepräsentation die statische Beschreibung von Objekten und deren Beziehungen im Vordergrund. Ziel ist es, das der Lösungsfindung zugrunde liegende Wissen so aufzubereiten, daß es im Rechner verarbeitet werden kann. Aufgabe der Wissensrepräsentation ist es nicht, einzelne spezielle Lösungswege darzustellen.

3.2.1 Analyse der vorhandenen Repräsentationsformen

Bild 30 stellt die drei wichtigsten Formen der Wissensrepräsentation dar:

- Regeln,
- Frames,
- semantische Netze /40,44,45,103/.

Regeln eignen sich besonders zur Abbildung von Beratungs- und Diagnosewissen. Aufgrund ihres einfachen Aufbaus und der guten Verarbeitbarkeit im Rechner waren sie die Basis für die ersten wissensbasierten Systeme.

Zur Beschreibung von Objekten, wie z. B. Konstruktionselementen, können Frames eingesetzt werden. Frames sind Datenstrukturen, die in Form sogenannter Slots Attribute enthalten. Hierbei repräsentiert ein Frame die Grundstruktur eines Objektes, wie z. B. eines Auflagezylinders. Von einem Frame können beliebig viele Instanzen gebildet werden. Jede Instanz steht für ein konkretes Objekt, wie z. B. dem Auflagezylinder mit dem Durchmesser 50 mm und der Länge von 64 mm. Als individuelle Abbildungen der Frames enthalten die Instanzen die Werte (Durchmesser = 50 mm, Länge = 64 mm) zu den in den Slots der Frames definierten Objektattributen (Durchmeser, Länge). Durch entsprechende Zuordnung der Frames untereinander können hierarchische Beziehungen zwischen Objekten sehr gut in der Wissensbasis nachgebildet werden /86,104-106/.

Demgegenüber eignen sich semantische Netze besonders zur Repräsentation von Strukturen ohne feste Hierarchien. Dabei stehen die wechselseitigen Beziehungen (Relationen) zwischen den Objekten im Vordergrund. Analog zur Beschreibung der Frames ist dabei der Begriff des Objektes nicht auf reale Objekte beschränkt. Objekte können frei definiert werden und somit auch z. B. technische Funktionen, Anforderungsprofile, Bewertungstabellen oder rechnerinterne Modelle sein /45,79/.

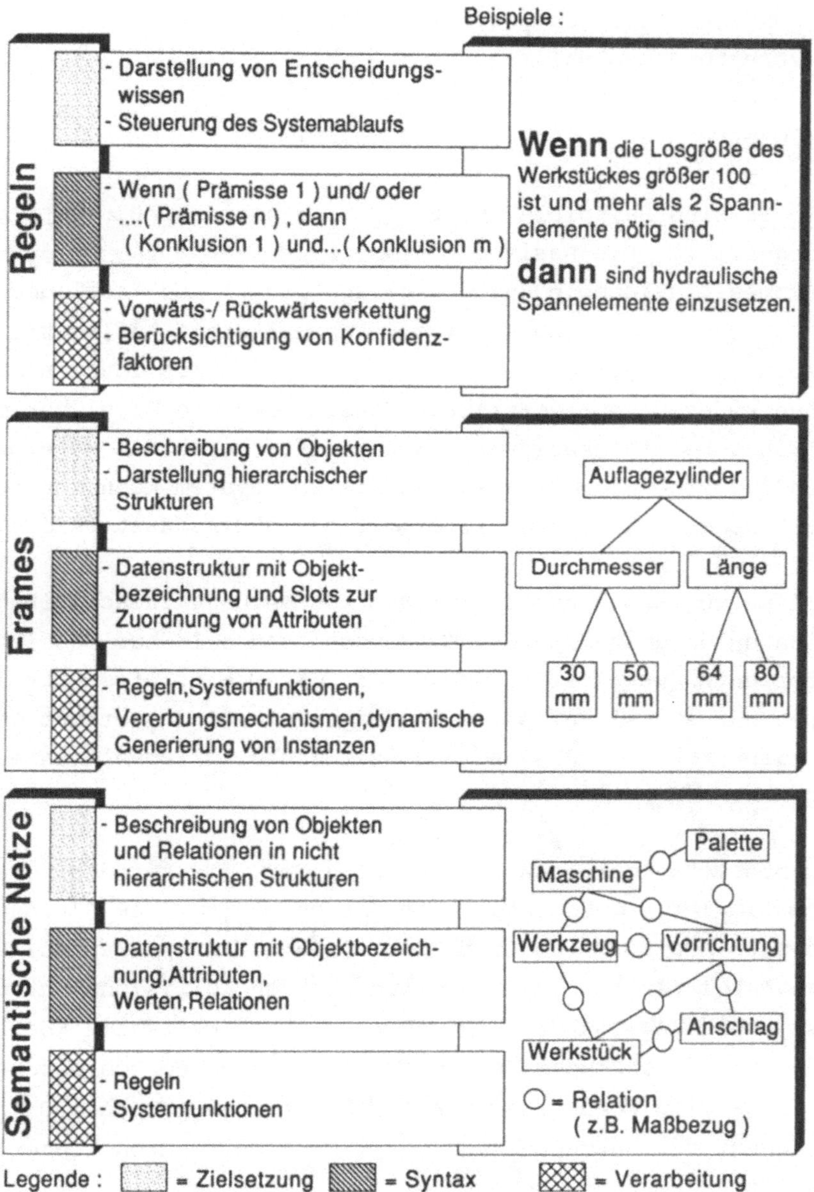

Bild 30: Grundformen der Wissensrepräsentation

Da die Grundformen der Wissensrepräsentationen zur Beschreibung eines Wissensgebietes vielfach nicht ausreichen, wurden ergänzende Formen der Wissensrepräsentation entwickelt. Zu nennen sind hierbei:

- Konfidenzfaktoren (certainty factors),
- Vererbungsmechanismen,
- Behaviours und
- Constraints /41,44,45,79,83,84,107/.

In Bild 31 sind Beispiele zu den o. g. Wissensrepräsentationsformen dargestellt. Die Basis der Wissensrepräsentation bilden die drei Frames "Auflageelement", "Auflagequader" und "Auflagezylinder". Daneben wurde eine Regel zur Auswahl eines Auflagezylinders angegeben. Die Regel hat vom Konstrukteur den Konfidenzfaktor 0,6 erhalten. Dieser Konfidenzfaktor besagt, daß die Regel nur mit einer Wahrscheinlichkeit von 0,6 zutrifft. Durch die Verarbeitung der Konfidenzfaktoren im wissensbasierten System kann der Aussagegehalt hergeleiteter Schlußfolgerungen abgeschätzt werden.

Mit Hilfe von Vererbungsmechanismen können Objektbeschreibungen effizienter dargestellt werden. So besitzen alle Auflageelemente die Attribute "Material", "Oberflächengüte" etc. Diese Attribute brauchen nur einmal dem Frame "Auflageelement" zugeordnet werden. Sie werden nachfolgend an alle spezifischen Auflageelemente weitergegeben.

Sogenannte Behaviours stellen Aktionen dar, die bei der Verarbeitung bestimmter Frames ausgeführt werden sollen. Die Aktionen können u. a. in Form von Lisp-Funktionen definiert werden. Ein Anwendungsbeispiel ist die Durchführung von Kollisionskontrollen bei der Anordnung von Vorrichtungselementen. Weiterhin können Constraints zwischen den Vorrichtungselementen festgelegt werden. Constraints sind wechselseitige Abhängigkeiten zwischen Objekten. In bezug auf die Anordnung von Vorrichtungselementen können Constraints z. B. Montagebedingungen repräsentieren.

Vererbungsmechanismen, Behaviours und Constraints können nur in Verbindung mit Framestrukturen bzw. semantischen Netzen sinnvoll genutzt werden. Demgegenüber können Konfidenzfaktoren bereits bei rein regelbasierten Systemen eingesetzt werden.

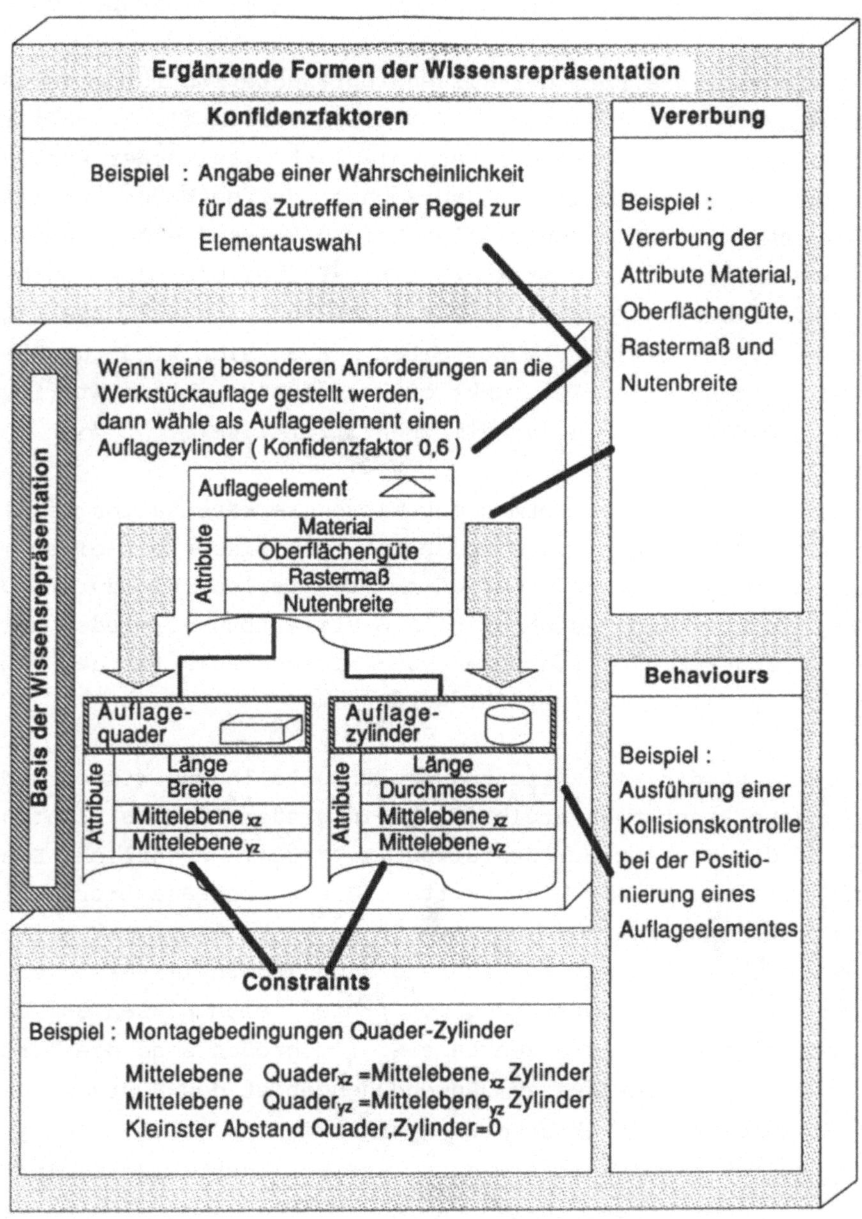

Bild 31: Ergänzende Formen der Wissensrepräsentation

3.2.2 Ermittlung von Einflußgrößen auf die Wissensrepräsentation

Eine einheitliche Form der Wissensrepräsentation für wissensbasierte Systeme gibt es nicht. Zum einen werden die Formalismen der Wissensrepräsentation unterschiedlich miteinander kombiniert, und zum anderen werden die Ausprägungen der Methoden zur Wissensrepräsentation den individuellen Erfordernissen eines Anwendungsgebietes angepaßt. Ein Frame kann z. B. drei oder aber auch im Extremfall dreihundert Slots zur Repräsentation der Objektattribute besitzen. Die Attribute selbst können sich wiederum stark unterscheiden. Eine LISP-Funktion kann ebenso an ein Attribut gebunden werden, wie ein verbaler Begriff /44,45/.

Die unterschiedlichen Formen der Wissensrepräsentation resultieren aus dem Bestreben, das zu speichernde Wissen mit einem minimalen Aufwand an Transformationen darzustellen. Hierdurch sollen zum einen Übertragungsfehler beim Systemaufbau vermieden werden und zum anderen die Transparenz der Wissensbasis für den Experten und den Systembenutzer erhöht werden.

Aus der Abhängigkeit zwischen dem darzustellenden Wissen und der Wissensrepräsentation ergibt sich ein großer Teil der Einflußgrößen auf die Wissensrepräsentation (<u>Bild 32</u>). Wesentliche Einflußgrößen sind z. B. die Wissensarten, die zu repräsentieren sind. Beschreibungswissen zu einzelnen Objekten kann gut mit Hilfe von Frames dargestellt werden, während sich Regeln im Vergleich zu Frames besser zur Übertragung von prozeduralem Wissen auf den Rechner eignen. Weitere zentrale Einflußgrößen sind die Struktur und die Komplexität des zum Anwendungsgebiet des Systems gehörenden Wissens. Die Struktur des Expertenwissens sollte sich in der Struktur der Wissensbasis widerspiegeln. Daneben führt eine hohe Komplexität des Expertenwissens in der Regel auch zu einer tieferen Strukturierung der Wissensbasis.

Während die stärksten Einflüsse auf die Wissensrepräsentation vom Expertenwissen selbst herrühren, darf auch das EDV-technische Umfeld einer Systemrealisierung nicht vernachlässigt werden. Gerade im industriellen Bereich kann dieses Umfeld vom Systementwickler

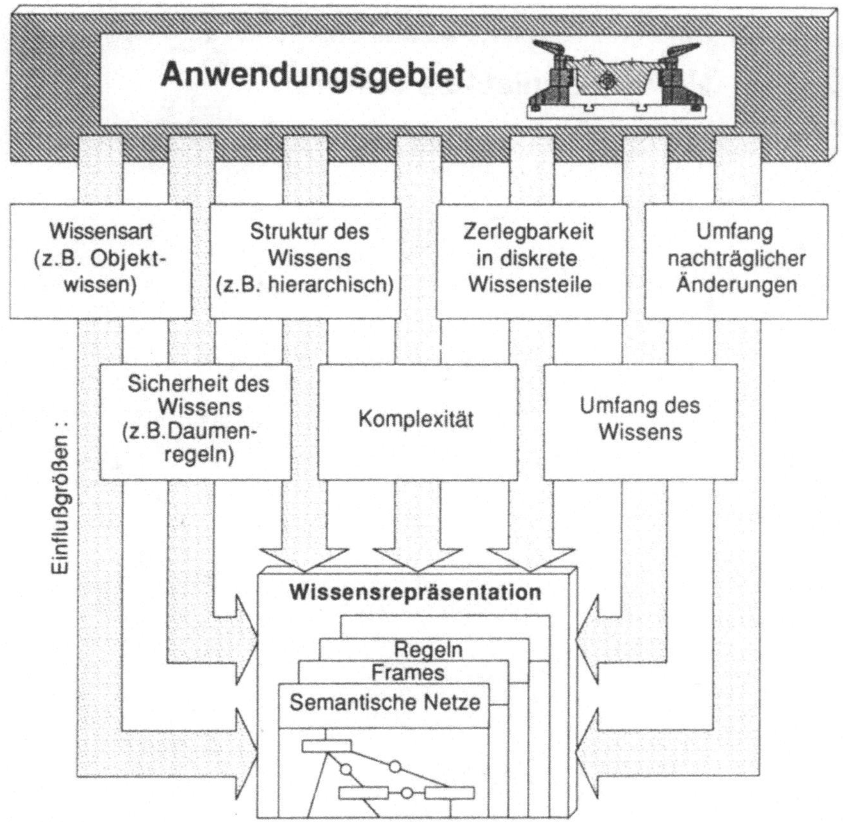

Bild 32: Vom Anwendungsgebiet bestimmte Einflußgrößen auf die Wissensrepräsentation

vielfach nur bedingt beeinflußt werden. Aus Standardisierungs- und Kompatibilitätsgründen sind die Hard- und Softwarevoraussetzungen für eine Systementwicklung häufig vorgegeben.

Bild 33 zeigt EDV-technische Einflußgrößen auf die Wissensrepräsentation. Diese Einflußgrößen führen nicht zwingend zu bestimmten Formen der Wissensrepräsentation, sondern erleichtern oder erschweren die jeweilige Art der Wissensdarstellung im Rechner. So erlauben die Rahmensysteme für die Systementwicklung (sog. Shells) immer eine oder mehrere vordefinierte Formen der Wissensrepräsentation. Weicht die im Anwendungsfall erforderliche Wissensrepräsentation hiervon ab, sind aufwendige Erweiterungen des Rahmensystems notwendig /46/.

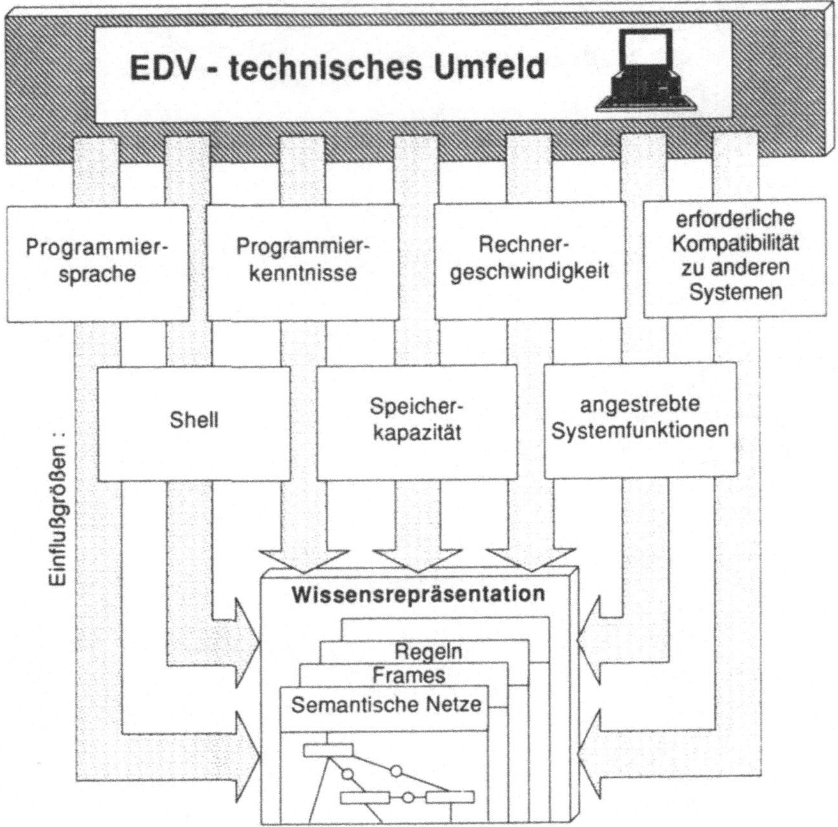

Bild 33: EDV-technische Einflußgrößen auf die Wissensrepräsentation

Ähnliches gilt für die Programmierkenntnisse der Systementwickler. Bei der Nutzung bisher nicht angewandter Formen der Wissensrepräsentation muß mit einer höheren Fehlerwahrscheinlichkeit und einem höheren Einarbeitungsaufwand gerechnet werden.

3.2.3 Ermittlung eines Verfahrens zur Wissensrepräsentation

Zielsetzung innerhalb des Abschnitts 3.2.3 ist es, die Arbeitsschritte und Methoden zur Wissensrepräsentation für den Bereich der Vorrichtungskonstruktion zu definieren.

Eine zentrale Bedeutung im Bereich der Vorrichtungskonstruktion nehmen Objekte, wie z. B. Werkstücke, Vorrichtungselemente oder Vorrichtungsbaugruppen ein. Der Verlauf des Konstruktionsprozesses ist abhängig von den Eigenschaften und Anforderungen dieser Objekte. Die Beschreibung der Konstruktionsobjekte sollte daher den ersten Schritt bei der Wissensrepräsentation bilden. Die Repräsentation der Konstruktionsobjekte im ersten Arbeitsschritt durchzuführen, ist auch sinnvoll, da mehrere andere Wissensrepräsentationsformen, wie z. B. Constraints, Objektdefinitionen voraussetzen. Dabei werden die allgemeine Struktur eines Objektes mit Hilfe von Frames beschrieben und die konkreten Ausprägungen dieser Struktur durch Instanzen gebildet (siehe 3.2.1). Da die Unterscheidung in Frames und Instanzen vorrangig programmtechnische Bedeutung hat, wird nachfolgend nur noch von Konstruktionsobjekten bzw. abkürzend von Objekten gesprochen.

Bild 34 gibt einen Überblick über die Darstellung von Objektwissen in hierarchischer Form. Die Abgrenzung der einzelnen Objekte sollte sich am Vorstellungsvermögen des Konstrukteurs orientieren, d. h. Objekte, die dem Konstrukteur bekannt sind, sollten auch als diskrete Objekte im Rechner dargestellt werden. Dabei kann es sich sowohl um reale Objekte, wie z. B. Vorrichtungselemente, als auch um abstrakte Objekte, wie z. B. Vorrichtungsfunktionen, handeln. Aus Gründen der Übersichtlichkeit und Handhabbarkeit sollten komplexe Objekte in Teilobjekte zerlegt werden.

Die detailliertere Beschreibung der Objekte erfolgt durch Attribute und Werte. Hierzu zählen in der Vorrichtungskonstruktion vor allem Geometrieangaben, Technologiedaten und Funktionsbeschreibungen. Aufgrund der Attribute und Werte erfolgt die Bewertung und Auswahl der Konstruktionsobjekte im Expertensystem. Attribute und Werte stehen in engem Zusammenhang mit den Repräsentationsformen prozeduralen Wissens, wie Regeln oder Algorithmen, und sollte daher gemeinsam mit ihnen definiert werden.

Vorab ist eine Strukturierung der Konstruktionsobjekte sinnvoll (Bild 35). Obwohl EDV-technisch nicht unbedingt erforderlich, sind mit einer Strukturierung folgende Vorteile verbunden:

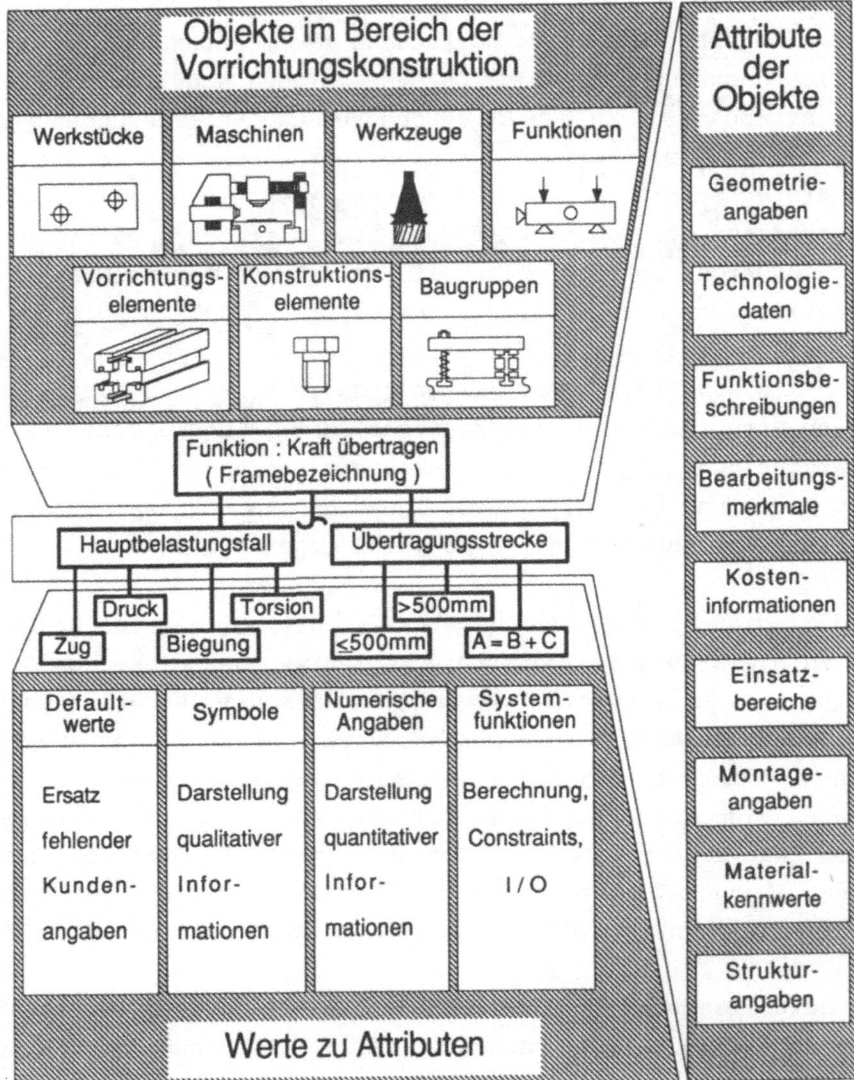

Bild 34: Beschreibung der Konstruktionsobjekte mit Hilfe von Frames bzw. Instanzen

- Erhöhung der Systemtransparenz, d. h. Erleichterung des Systemaufbaus und der Fehlerbeseitigung,
- einfache Nutzung von Vererbungsmechanismen,
- Steigerung der Systemgeschwindigkeit durch Abgrenzung von Suchräumen bei der Lösungsfindung.

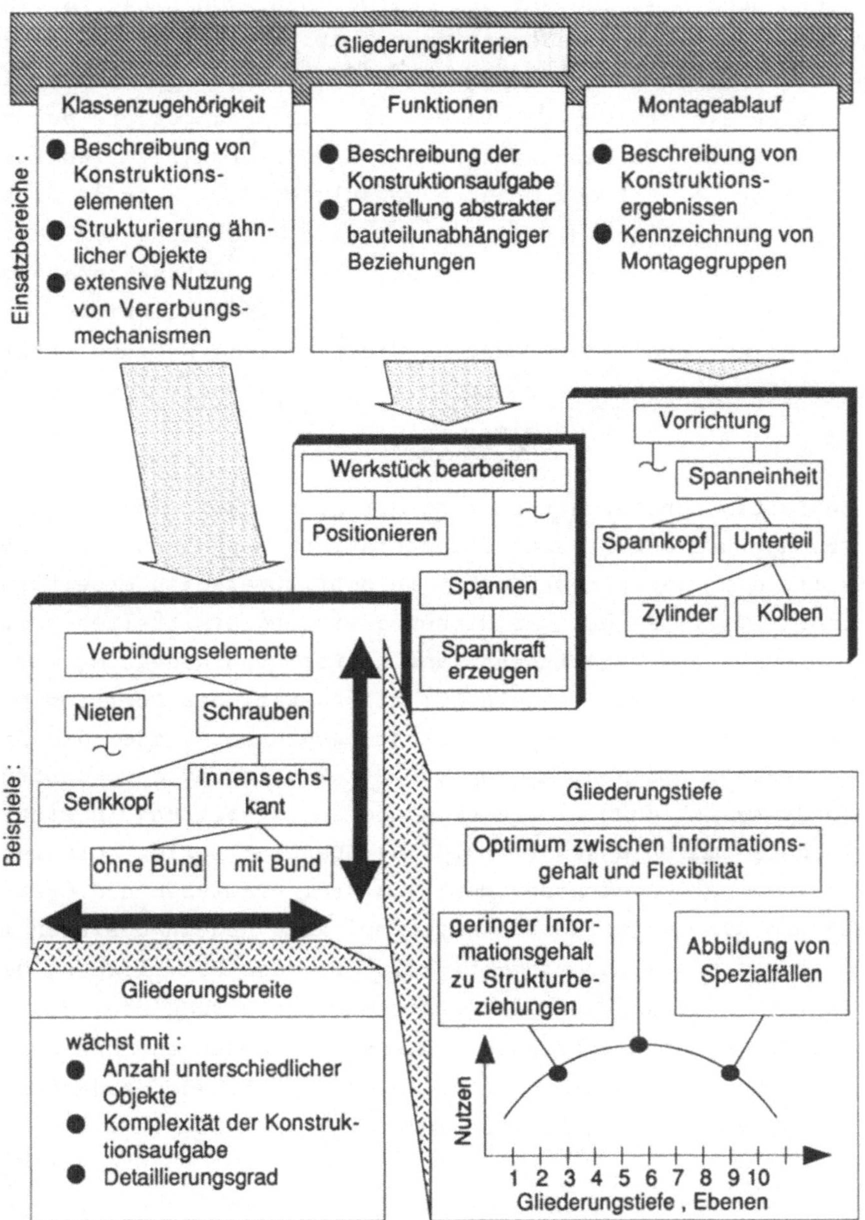

Bild 35: Kriterien für die Strukturierung der Objekte im wissensbasierten System

Dem steht jedoch die Gefahr der Überbetonung von Einzelfällen durch eine zu feine Gliederung gegenüber. Während die Gliederungsbreite mit zunehmendem Umfang der Wissensbasis wachsen kann, hat es sich als sinnvoll erwiesen, die Gliederungstiefe auf vier bis sechs Ebenen zu beschränken. Die Gliederungskriterien sollten abhängig von der Art der Objekte gewählt werden. Während sich für Konstruktionselemente die Gliederung nach Klassenzugehörigkeit (z. B. Klasse der Schrauben) eignet, können Konstruktionsaufgaben besser funktional beschrieben und Konstruktionsergebnisse montageorientiert gegliedert werden. Die parallele Nutzung unterschiedlicher Gliederungskriterien in einem wissensbasierten System stellt kein Problem dar.

Die Definition und Strukturierung der Konstruktionsobjekte bildet das Grundgerüst der Wissensrepräsentation. Ausgehend von dieser Basis ist die Wissensrepräsentation schrittweise zu erweitern. Ein großer Teil des bei der Wissensgewinnung ermittelten prozeduralen Wissens und Metawissens kann in Form von Regeln dargestellt werden. Beispiele sind Regeln für die Auswahl des Positionierprinzips, die Anordnung von Vorrichtungselementen oder die Steuerung von Suchprozessen. Analog zur Strukturierung der Konstruktionsobjekte ist auch hier eine grobe Strukturierung in einzelne Regelpakete empfehlenswert (<u>Bild 36</u>). Daneben sollen normalerweise innerhalb einer Regel nicht mehr als drei Prämissen und drei Aktionen pro Konklusion auftreten. Komplexere Regeln besitzen meist nur eine geringe Allgemeingültigkeit. Bei der Formulierung der Regeln ist weiterhin auf die Konsistenz der verwendeten Begriffe zu achten. Objekt-, Attribut- und Wertbezeichnungen müssen sowohl zwischen den einzelnen Regeln als auch zwischen den zugehörigen Frames und Instanzen übereinstimmen.

Aufgrund der für das Funktionieren der Inferenzmechanismen notwendigen Begriffskonsistenz zwischen Objekten und Regeln ist es sinnvoll, zusammen mit der Formulierung der Regeln die Werte der Objektattribute zu skalieren. <u>Bild 37</u> stellt die verschiedenen Möglichkeiten zur Skalierung dar. Da das Problem der Skalierung von Werten in gleicher Weise bei der Anwendung statistischer Verfahren auftritt, sei hier auf die einschlägige Literatur verwiesen /91-94/.

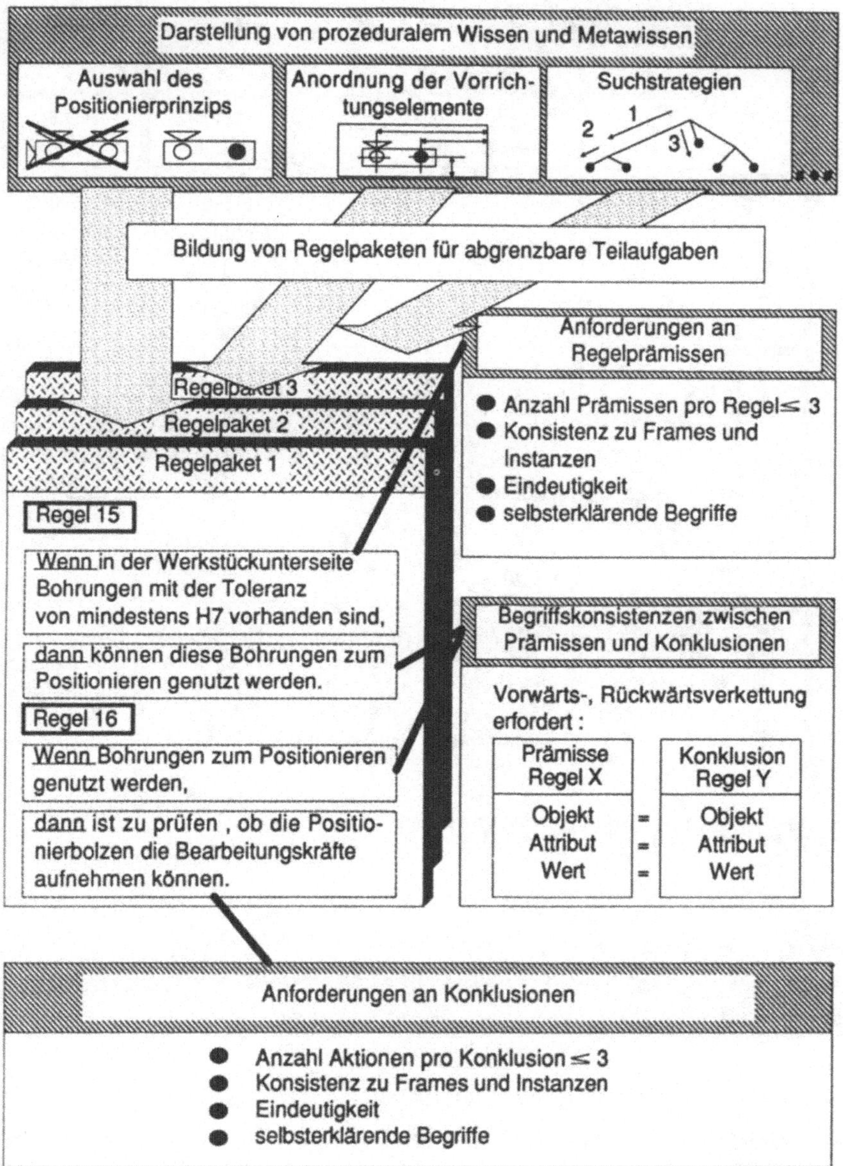

Bild 36: Darstellung von prozeduralem Konstruktionswissen mit Hilfe von Regeln

Durch die vielfältigen Kombinationsmöglichkeiten der Konstruktionsobjekte treten im Konstruktionsbereich extrem große Suchräume auf. Die Darstellung effizienter Konstruktionsmethoden in Form von Regeln bildet eine Möglichkeit zur Beschleunigung des

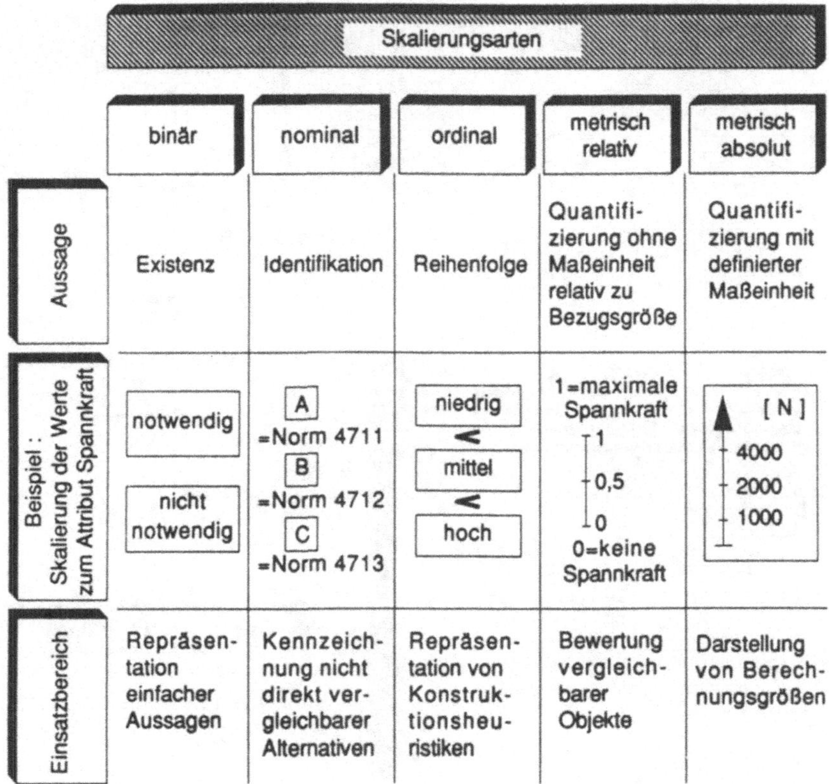

Bild 37: Skalierung von Werten

Lösungsprozesses. Durch die Formulierung von Constraints können besonders im Bereich der Vorrichtungskonstruktion die Suchräume bereits vorab erheblich eingeschränkt werden. Bild 38 zeigt die hierbei relevanten Arten von Constraints:

- Constraints zwischen Objekten,
- Constraints zwischen den Werten des gleichen Objektes und
- Constraints zwischen den Werten unterschiedlicher Objekte.

Constraints zwischen Objekten betreffen vorrangig die Kombinierbarkeit einzelner Vorrichtungselemente. Demgegenüber deuten Constraints zwischen den Werten des gleichen Objektes an, daß dieses Objekt nur in speziellen Ausprägungen existiert, d. h. z. B. bestimmte Maßverhältnisse nicht überschritten werden dürfen. Sehr häufig gegeben sind Constraints zwischen den Werten unterschied-

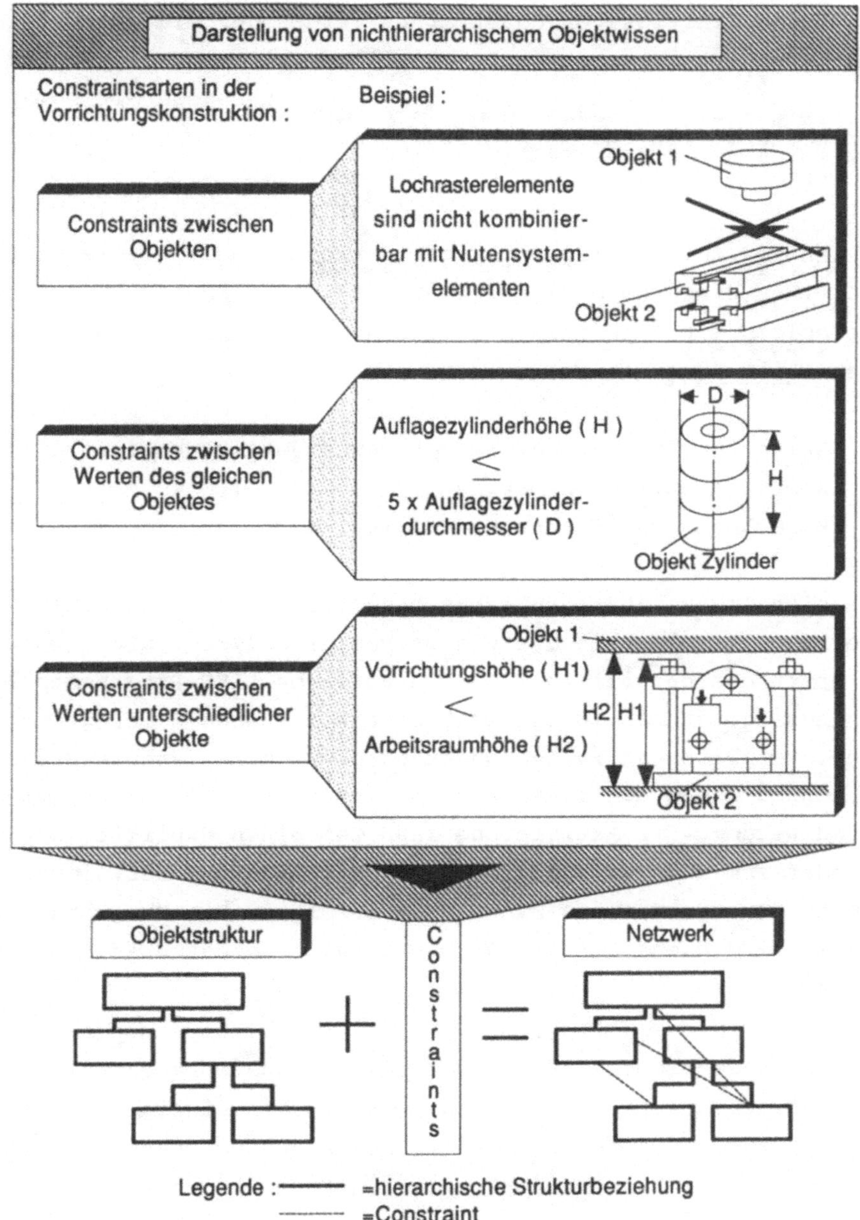

Bild 38: Darstellung von nichthierarchischem Objektwissen mit Hilfe von Constraints

licher Objekte. Hierzu zählen neben geometrischen Restriktionen in starkem Maße technologische Einschränkungen z. B. im Hinblick auf die zu übertragenden Kräfte.

Durch die Definition von Constraints werden den hierarchischen Objektstrukturen netzartige Strukturen überlagert. Die Gesamtstruktur der Wissensbasis kommt damit dem Aussagegehalt semantischer Netze gleich und kann trotzdem mit vertretbarem Aufwand ausgewertet werden.

Auch wenn in der Vorrichtungskonstruktion Erfahrungswissen und Heuristiken einen hohen Stellenwert besitzen, können zahlreiche Teilprobleme mit Algorithmen gelöst werden. Hier sind u. a. zu nennen (Bild 39):

- Gewichtung und Summation von Bewertungsergebnissen,
- Koordinatentransformationen,
- Berechnung von Spannkräften /108,109/.

Da es sich um begrenzte Aufgaben handelt, ist die Ankopplung universeller CAE-Pakete an das wissensbasierte System nicht notwendig. Statt dessen sollten z. B. in Form von LISP-Programmen Berechnungsalgorithmen in die statische Wissensbasis integriert werden. Vergleichbar zu den anderen Formen der Wissensrepräsentation können diese Algorithmen dann flexibel im Lösungsprozeß aufgerufen werden. Die Aktivierung kann zum einen explizit durch Regeln oder zum anderen implizit durch die Änderung definierter Werte in der dynamischen Datenbasis erfolgen. Das Berechnungsergebnis wird ebenso wieder an die dynamische Datenbasis zurückgegeben.

Wie vorab beschrieben, reicht für die Wissensrepräsentation in einem System zur Vorrichtungskonstruktion ein einziger Formalismus nicht aus. Entsprechend den verschiedenen Wissensarten müssen unterschiedliche Wissensrepräsentationsformen kombiniert werden.

Aufgrund der Abhängigkeiten zwischen den Bestandteilen einer derartigen hybriden Wissensbasis ist zum Aufbau der Wissensbasis eine geeignete Vorgehensweise erforderlich. In Bild 40 ist zusammenfassend die innerhalb des Abschnitts 3.2.3 beschriebene Vorgehensweise zur Wissensrepräsentation dargestellt. Das Grundgerüst der Wissensbasis wird gebildet durch die Definition und Struktu-

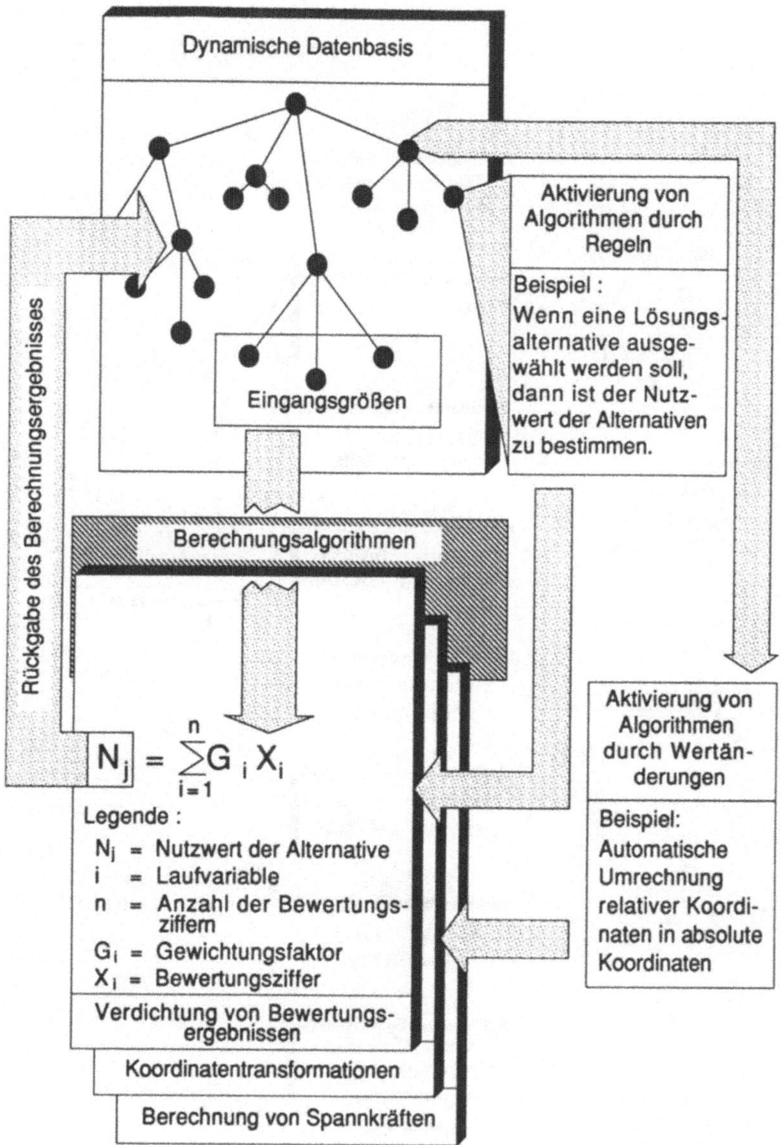

Bild 39: Integration von Berechnungsalgorithmen in der Wissensrepräsentation

rierung der Konstruktionsobjekte. Nach der Festlegung der Objektattribute werden die prozeduralen Beziehungen zwischen den Objekten in Form von Regeln formuliert, deren Detaillierungsgrad eine wichtige Entscheidungshilfe für die Skalierung der Attributwerte

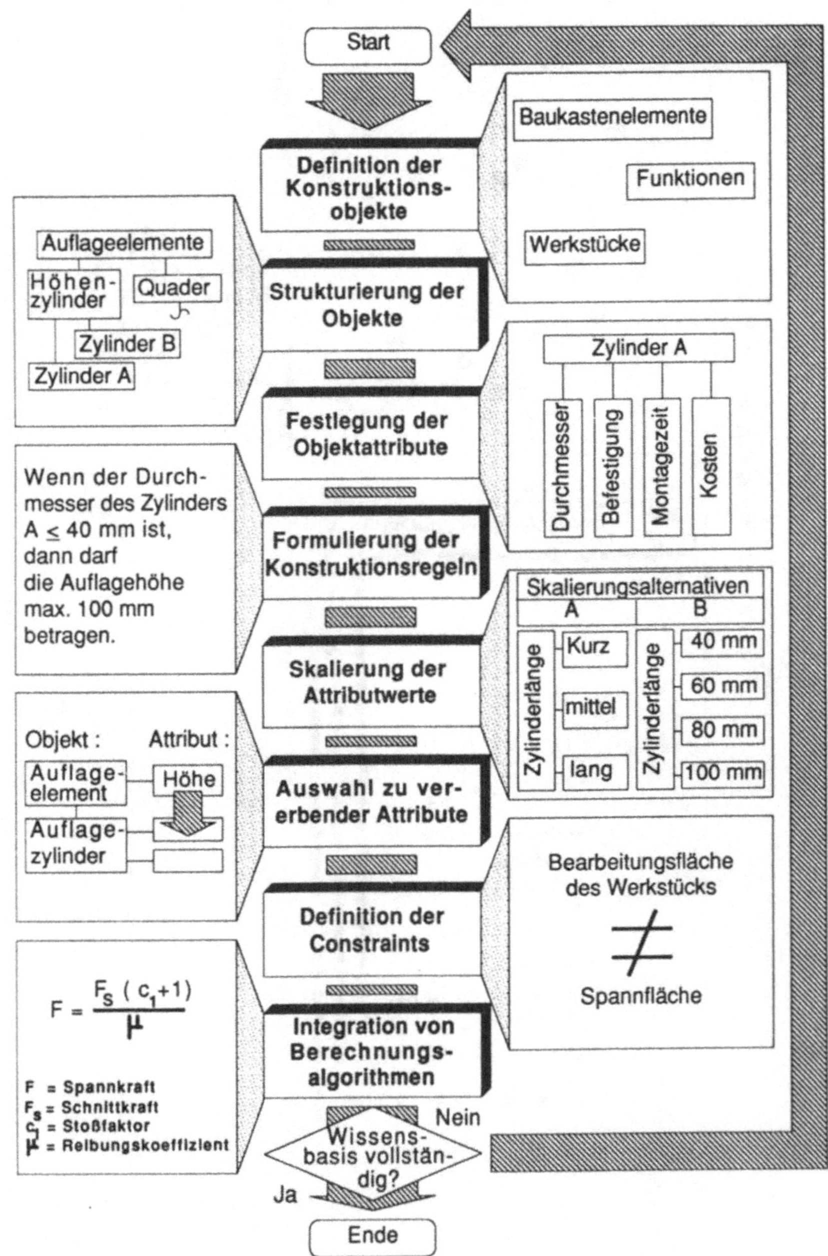

Bild 40: Vorgehensweise zur Wissensrepräsentation

bildet. Im Anschluß an die Skalierung der Werte kann dann entschieden werden, welche Attribute und Werte in der Objekthierarchie vererbt werden sollen. Durch die Nutzung der Vererbungsmechanismen kann - ohne Verringerung des Aussagegehalts - das an die Objekte gebundene Wissen in komprimierter Form dargestellt werden. Mit Hilfe von Constraints werden nachfolgend zur Einschränkung der Suchräume die Restriktionen zwischen den Konstruktionsobjekten dargestellt. Vervollständigt wird die Wissensbasis im letzten Schritt durch die Integration von Berechnungsalgorithmen.

3.2.4 Durchführung der Wissensrepräsentation

Anhand von Beispielen soll nachfolgend dargestellt werden, wie die in Abschnitt 3.2.3 beschriebenen Wissensrepräsentationsformen angewandt wurden. Um die Grundprinzipien sichtbar zu machen, wird dabei vereinfacht und auf programmtechnische Details verzichtet. Die mehrere hundert Seiten umfassenden Dokumentationen der Systemwissensbasen liegen am Lehrstuhl für Produktionssystematik der RWTH Aachen vor.

Bild 41 zeigt z. B. die Repräsentation der Konstruktionsstrategie "Gestaltvariation und Bewertung". Diese einfache Strategie ist einsetzbar, wenn die Anzahl möglicher Lösungen klein ist, die systematische Herleitung der "besten" Lösung aber mit einem hohen Aufwand verbunden wäre. Im Rahmen der Strategie "Gestaltvariation und Bewertung" werden zunächst möglichst alle Lösungen ermittelt, um dann durch Bewertung die beste Lösung herauszufiltern.

Im dargestellten Beispiel wurden das Werkstück sowie die Spann-, Auflage- und Anschlagelemente als Objekte beschrieben. Daneben wurde mit Regeln die Auswahl und Anordnung der Vorrichtungselemente definiert ebenso wie die Bewertung der Lösungsdetails. Constraints waren die Forderungen nach Aufnahme der Spannkräfte durch Auflage- oder Anschlagelemente. Vervollständigt wurde die Wissensrepräsentation durch eine Bewertungsformel zur Verdichtung der regelbedingten Einzelbewertungen einer Lösung.

Im Bild 41 wurde ein Überblick zur Wissensrepräsentation für ein Teilproblem gegeben. Dabei muß darauf hingewiesen werden, daß hinter den genannten Grundbausteinen der Wissensbasis detailliertere Beschreibungen stehen. Als Beispiel sei das Objekt "Werkstück" genannt. Dieses Objekt wird in der statischen Datenbasis (vgl. Bild 7) durch eine Objektstruktur beschrieben, mit deren Hilfe die zahlreichen Werkstückdaten gegliedert werden (Bild 42).

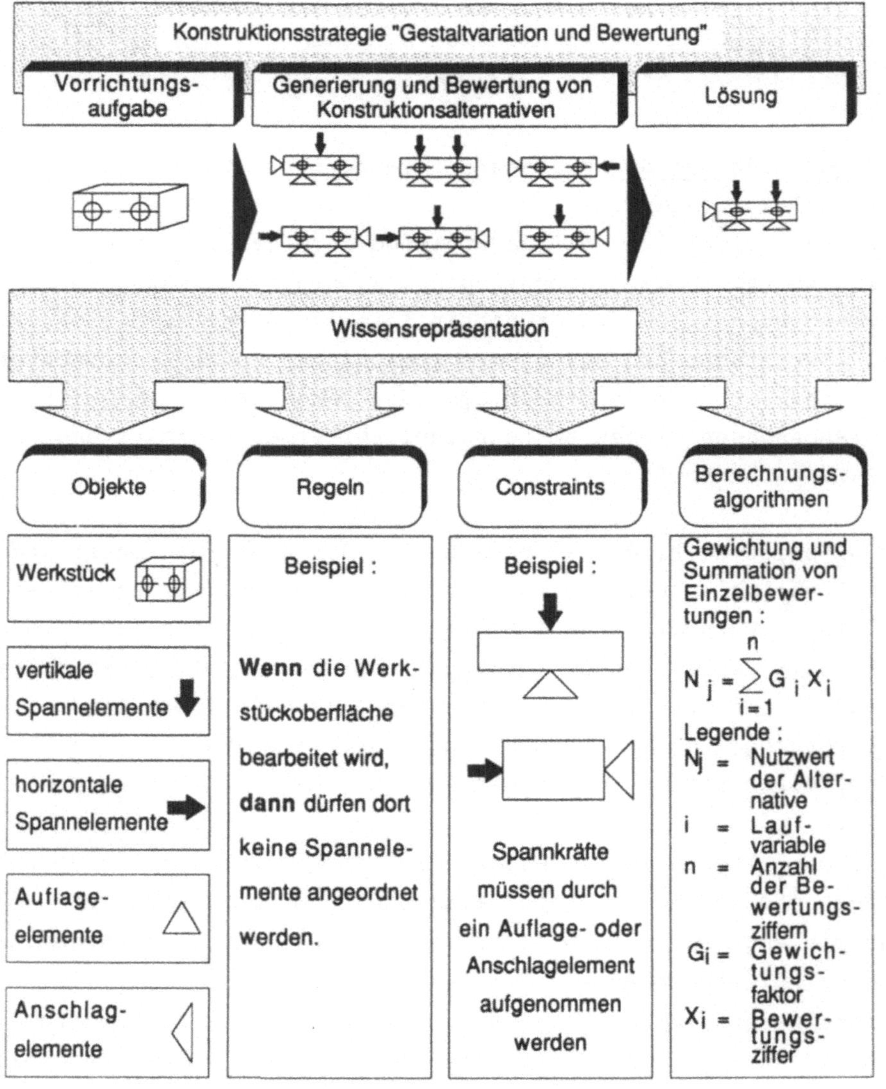

Bild 41: Wissensrepräsentation zur Konstruktionsstrategie "Gestaltvariation und Bewertung"

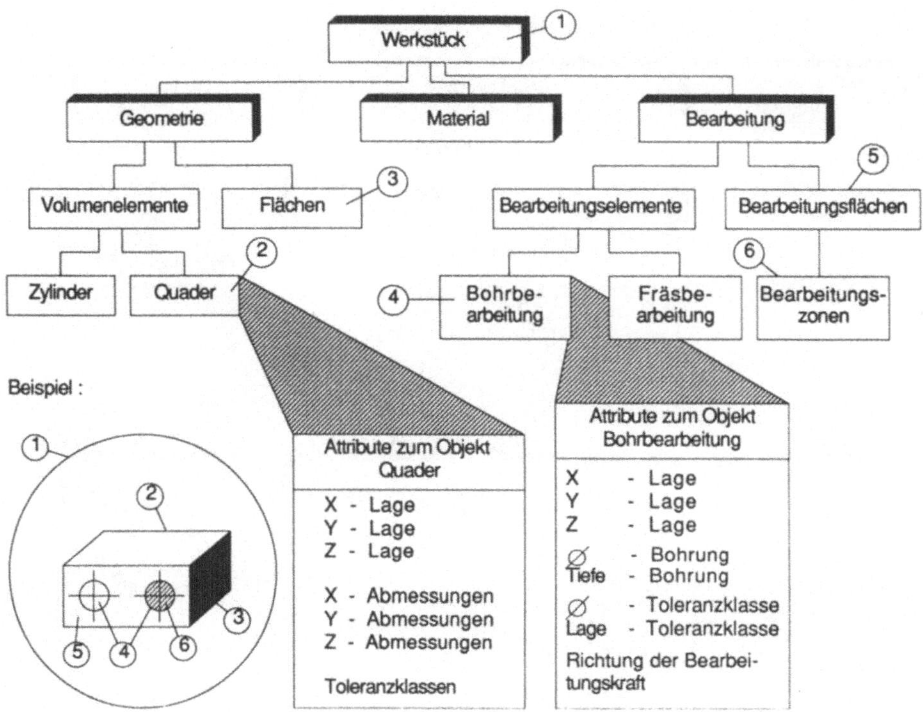

Bild 42: Statische Objektstruktur zur Werkstückbeschreibung

Die Beschreibung der Geometriedaten muß dabei nicht den Anforderungen von CAD-Systemen genügen. Für das wissensbasierte System werden lediglich vorrichtungsrelevante Daten benötigt, da die vollständige Geometriebeschreibung des Werkstückes in den meisten Fällen in einem CAD-System vorliegt. Ergänzt werden müssen die Geometriedaten jedoch um Material und Bearbeitungsangaben. Analog zu den Geometriedaten wurde auch bei den Bearbeitungsangaben eine elementorientierte Darstellung gewählt. Der Grund dafür liegt darin, daß sich zahlreiche Aussagen der Konstrukteure (Beispiel: Positionierstifte in Bohrungen) auf komplette Elemente beziehen. Daneben lassen sich Detailinformationen, wie z. B. Flächendaten, aus den Elementbeschreibungen leicht ableiten, während der umgekehrte Weg nicht immer eindeutig möglich ist.

Bild 43 zeigt die Wissensrepräsentation für die Konstruktionsstrategie "Funktionale Zerlegung", die als Vorstufe zur Morpholo-

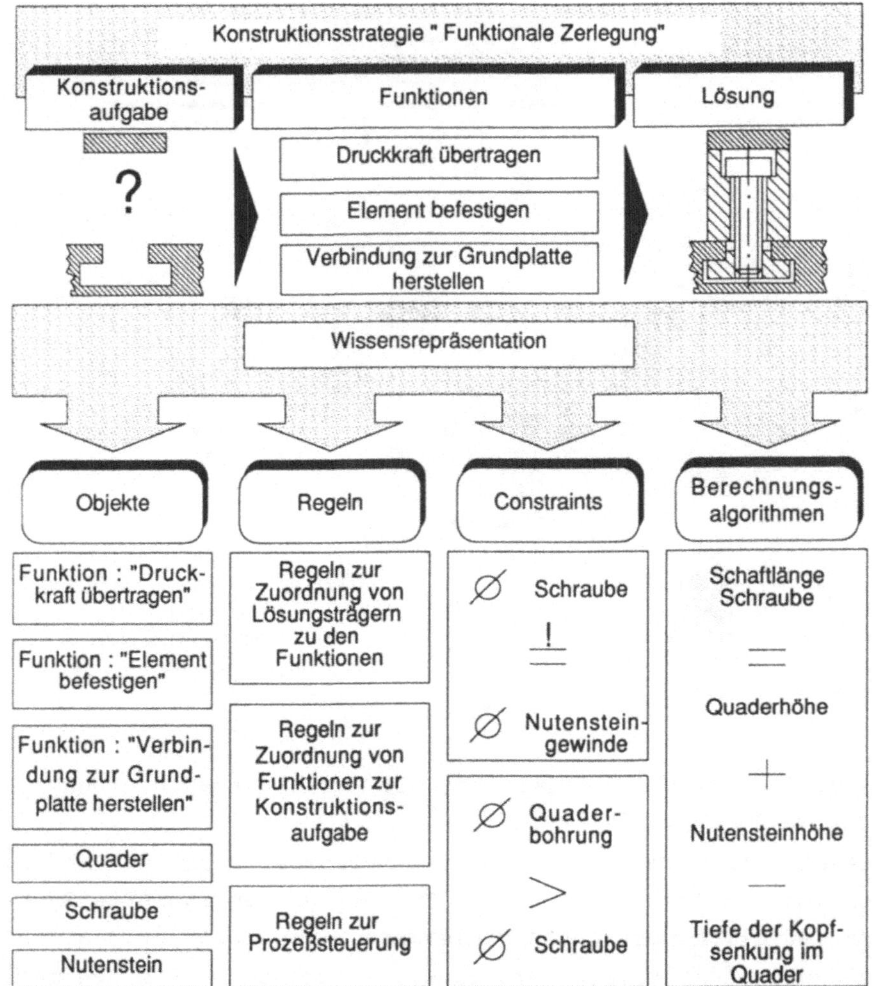

Bild 43: Wissensrepräsentation zur Konstruktionsstrategie "Funktionale Zerlegung"

gischen Methode betrachtet werden kann. Ein Konstruktionsproblem wird dabei in diskrete Funktionen zerlegt, für die einfachere Lösungen gefunden werden können als für das Gesamtproblem.

Neben realen Konstruktionselementen beinhaltet die Objektstruktur in diesem Fall zusätzlich abstrakte Funktionen. Mit Hilfe von Regeln werden die Mechanismen zur Zuordnung der Funktionen zur Konstruktionsaufgabe und zur Zuordnung der Konstruktionselemente zu den Funktionen dargestellt. Constraints repräsentieren Einschränkungen in der Kombinierbarkeit der Konstruktionselemente, während Berechnungsalgorithmen für einfache Maßbestimmungen eingesetzt werden.

4. Realisierung

4.1 Kriterien für die Auswahl von Softwarewerkzeugen

Im Vergleich zur Realisierung konventioneller Programmsysteme sind bei der Implementierung wissensbasierter Systeme effiziente Softwarewerkzeuge von besonderer Bedeutung. Hierfür gibt es zwei Gründe:

- Aufgrund des meist firmenspezifischen Charakters wissensbasierter Systeme können die Entwicklungskosten nur auf eine begrenzte Zahl von Anwendungssystemen umgelegt werden.

- Die häufig angewandte Methode des Rapid Prototypings ist nur sinnvoll einsetzbar, wenn sich der Entwickler unterstützt durch ein Softwarewerkzeug auf die Modellierung der Wissensbasis konzentrieren kann.

Für den Bereich der wissensbasierten Vorrichtungskonstruktion ergibt sich eine Vielzahl von Anforderungen an Softwarewerkzeuge (Bild 44) /46,47,49/.

Ein wesentlicher Teil dieser Anforderungen ist bedingt durch die in Kapitel 3 bestimmten Wissensrepräsentationsformen. Mit Hilfe des Softwarewerkzeuges müssen sich diese Wissensrepräsentationsformen in der hybriden Wissensbasis des Systems abbilden lassen. Zur Verarbeitung der unterschiedlichen Wissensarten sind weiterhin differenzierte Inferenzmechanismen notwendig, die von der einfachen Regelverkettung bis zur Constraintpropagierung bzw. zum Mustervergleich reichen.

Aus der o. g. Arbeitstechnik des Rapid Prototypings ergeben sich zusätzliche Anforderungen an Softwarewerkzeuge. Hierzu zählen eine hohe Systemtransparenz, einfache Erweiterungsmöglichkeiten sowie Hilfsmittel zur Fehlerbeseitigung. Eng verknüpft mit den aus der Arbeitstechnik herrührenden Erfordernissen sind die Anforderungen an die Grafik. Die Systemtransparenz wird z. B. durch die grafische Darstellung von Beziehungen in der Wissensbasis,

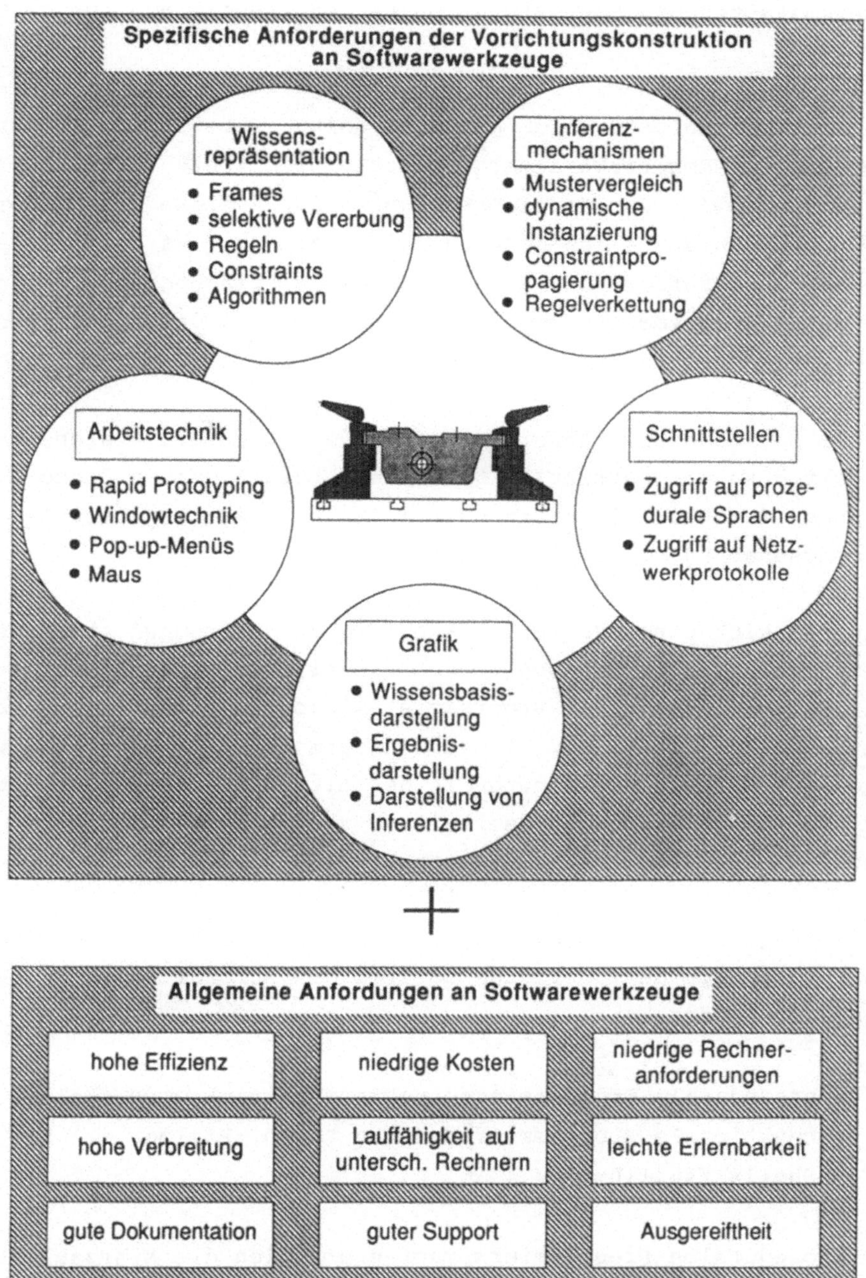

Bild 44: Anforderungen an Softwarewerkzeuge zur Entwicklung wissensbasierter Systeme für die Vorrichtungskonstruktion

Inferenzketten und Schlußfolgerungsergebnissen erheblich gesteigert /46/.

Ein Teil der Anforderungen an die Grafik, insbesondere die Darstellung von Konstruktionsergebnissen, wird heute durch CAD-Systeme erfüllt. Zur Kopplung an derartige Systeme sind daher definierte Schnittstellen oder zumindest der Zugriff auf Netzwerkprotokolle erforderlich. Ebenso muß die Einbindung von in prozeduralen Programmiersprachen realisierten Standardalgorithmen, z. B. zur Festigkeitsberechnung, möglich sein.

Die bisher genannten Anforderungen sind eng an die wissensbasierte Vorrichtungskonstruktion gebunden. Ergänzt werden diese Anforderungen durch die im unteren Teil von Bild 44 dargestellten anwendungsunabhängigen Anforderungen.

Bild 45 gibt einen Überblick über die zur Verfügung stehenden Softwarewerkzeuge. Daneben ist qualitativ der in Abhängigkeit von der Komplexität der Programmieraufgabe zu erwartende Programmieraufwand aufgetragen. Die Aufwandsabschätzungen basieren zum einen auf Erfahrungsberichten in der Literatur und zum anderen auf einer vergleichenden Beurteilung von Systementwicklungen am Lehrstuhl für Produktionssystematik.

Zur Verfügung stehen drei Gruppen von Softwarewerkzeugen mit denen theoretisch der überwiegende Teil des Anforderungskataloges abgedeckt werden kann:

- prozedurale Programmiersprachen (Fortran, C, Pascal ...),
- funktionale Programmiersprachen (Lisp, Prolog ...) und
- Shells /46,110-118/.

Die prozeduralen Programmiersprachen erfüllen die Mehrzahl der anwendungsunabhängigen Softwareanforderungen. Die Realisierung z. B. von Wissensrepräsentationsmechanismen für die Vorrichtungskonstruktion mit Hilfe des Rapid Prototypings ist jedoch mit einem sehr hohen Programmieraufwand verbunden. Wesentlich geringer steigt demgegenüber der Programmieraufwand bei der Nutzung

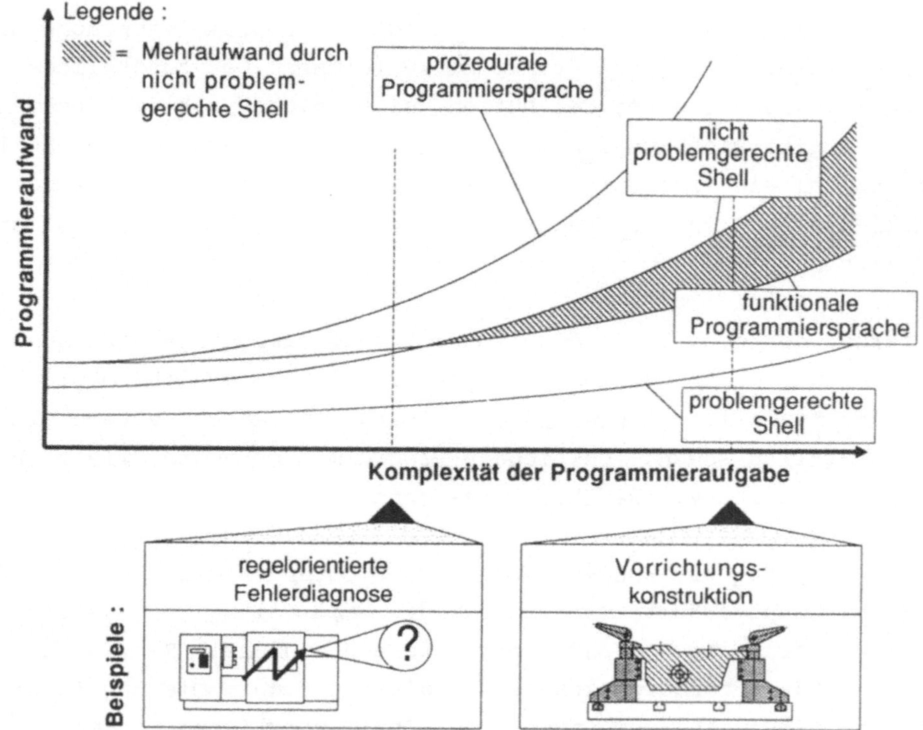

Bild 45: Qualitative Abschätzung des Programmieraufwands in Abhängigkeit von der Art des Softwarewerkzeuges und der Komplexität der Programmieraufgabe

funktionaler Programmiersprachen, da hier die Abhängigkeiten zwischen den einzelnen Teilen des Programmcodes schwächer ausgeprägt sind als in der ablauforientierten Programmierung.

Den geringsten Programmieraufwand verursacht eine problemgerechte Shell, die die benötigten Wissensrepräsentationsmechanismen, Inferenzmechanismen, Grafikfunktionen und Entwicklungswerkzeuge bereits vordefiniert beinhaltet. Ansätze hierzu bieten hybride (d. h. Shells mit mehreren verfügbareb Wissensrepräsentationsmechanismen) Shells, wie z. B. KEE, ART oder BABYLON /116-118/. Ob eine Shell im Bereich der Vorrichtungskonstruktion gegenüber der direkten Nutzung einer funktionalen Programmiersprache Vorteile besitzt, kann erst nach der Systemrealisierung zuverlässig beurteilt werden. Für den Fall, daß eine Shell nur teilweise die Anforderungen der Vorrichtungskonstruktion erfüllt, ist gegenüber der alleinigen Nutzung einer funktionalen Programmiersprache mit einem erhöhten Programmieraufwand zu rechnen. Der zusätzliche Programmieraufwand bei der Nutzung einer nicht problemgerechten Shell ergibt sich aus den erforderlichen Erweiterungen der Shell, die sowohl eine zeitintensive Einarbeitung in die Struktur der Shell als auch in die Handhabung der Basisprogrammiersprache erfordern.

Aufgrund der o.g. Unsicherheiten ist eine eindeutige Bewertung der Softwarewerkzeuge vor der Systemrealisierung nicht möglich. Für die Realisierung wissensbasierter Konstruktionssysteme sind grundsätzlich sowohl funktionale Programmiersprachen, wie z. B. LISP, als auch hybride Shells geeignet.

Für das System zur Konzeption von Vorrichtungselementen wurde die Sprache Lisp gewählt, während für die Entwicklung des Systems zur Konfiguration der Baukastenvorrichtungen die Shell Babylon benutzt wurde. Hierdurch konnte die direkte Programmierung in der Sprache LISP mit der Nutzung einer Shell verglichen werden.

4.2 Kriterien für die Auswahl der Hardware

Die Anwendung wissensbasierter Software erfordert im Vergleich zur Nutzung konventioneller Software eine leistungsfähigere Hardware. Gründe hierfür sind:

- Die Arbeitsschritte in einem wissensbasierten System sind nicht fest programmgesteuert, sondern werden aufgabenorientiert durch die Inferenzmechanismen hergeleitet.

- Um vertretbare Antwortzeiten zu erzielen, müssen große Teile der Wissensbasis im Arbeitsspeicher des Systems resident sein.

- Die Arbeitstechnik des Rapid Prototypings erfordert eine leistungsfähige Grafik sowie rechen- und speicherintensive Softwarewerkzeuge /50/.

In Bild 46 sind die sich ergebenden Anforderungen an die Hardware zusammen mit einer Bewertung der Hardwarealternativen dargestellt. Hierbei wurde die Nutzung des jeweiligen Rechners für die Systementwicklung (d. h. nicht als Ablaufumgebung) zugrunde gelegt /119-121/.

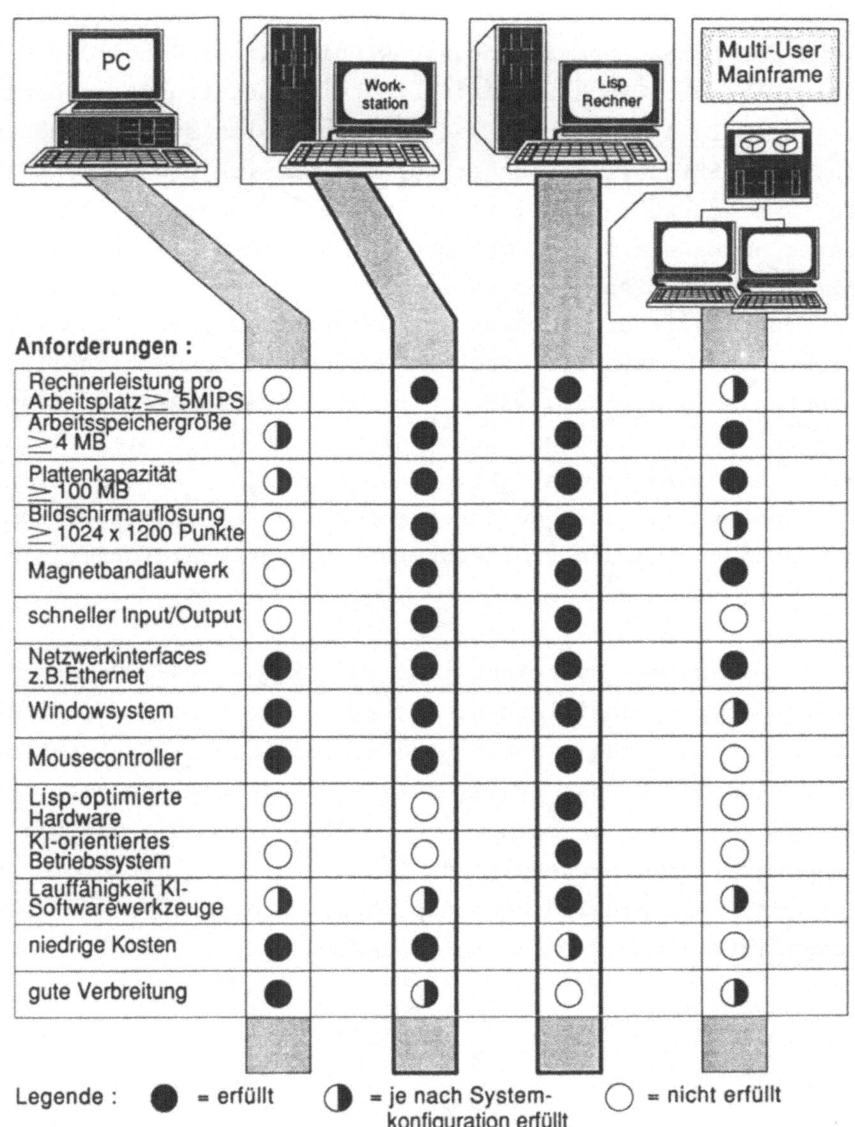

Bild 46: Vergleich von Hardwarealternativen

Die Bewertung zeigt, daß zum Zeitpunkt der Analyse (Juni 1988) Lisp-Rechner, dicht gefolgt von konventionellen Workstations, die höchste Eignung für die Entwicklung wissensbasierter Systeme aufwiesen. Der Vorteil der Lisp-Rechner gegenüber den konventionellen Workstations beruht neben der Lisp-optimierten Hardware auf den zu der Hardware erhältlichen komfortablen Entwicklungsumgebungen.

Aufgrund der hohen Innovationsgeschwindigkeit sind bei der Hardwareauswahl jedoch auch zukünftige Entwicklungstrends zu berücksichtigen (Bild 47). Hierbei ist mit einer sich stetig erhöhenden Eignung konventioneller Rechner für die Entwicklung wissensbasierter Systeme zu rechnen. Ebenso werden konventionelle Rechner in stärkerem Maße als Zielumgebung für wissensbasierte Systeme genutzt, die auf Lisp-Rechnern entwickelt wurden. Eine weitere Entwicklung stellt die Kombination unterschiedlicher Prozessoren in einem Rechner dar. Lisp-Rechner werden mit konventionellen Coprozessoren ausgestattet, während konventionelle Rechner Lisp-Coprozessoren erhalten. Diese Entwicklung wird durch die Erkenntnis getragen, daß sowohl Konstruktionsaufgaben als auch zahlreiche andere komplexe Aufgaben durch eine Kombination von algorithmischen und heuristischen Problemkomponenten gekennzeichnet sind /50/.

Da zum Zeitpunkt der Systementwicklung (1986 - 1989) Rechner mit einem Prozessortyp dominierten, wurde für das System zur Konzeption von Vorrichtungselementen eine konventionelle Workstation gewählt, während für das System zur Konfiguration von Vorrichtungselementen ein Lisp-Rechner beschafft wurde. Die Nutzung des Lisp-Rechners wurde notwendig, da im zweiten Fall durch die Anwendung der Shell Babylon besonders hohe Anforderungen an die Leistungsfähigkeit der Hardware gestellt wurden.

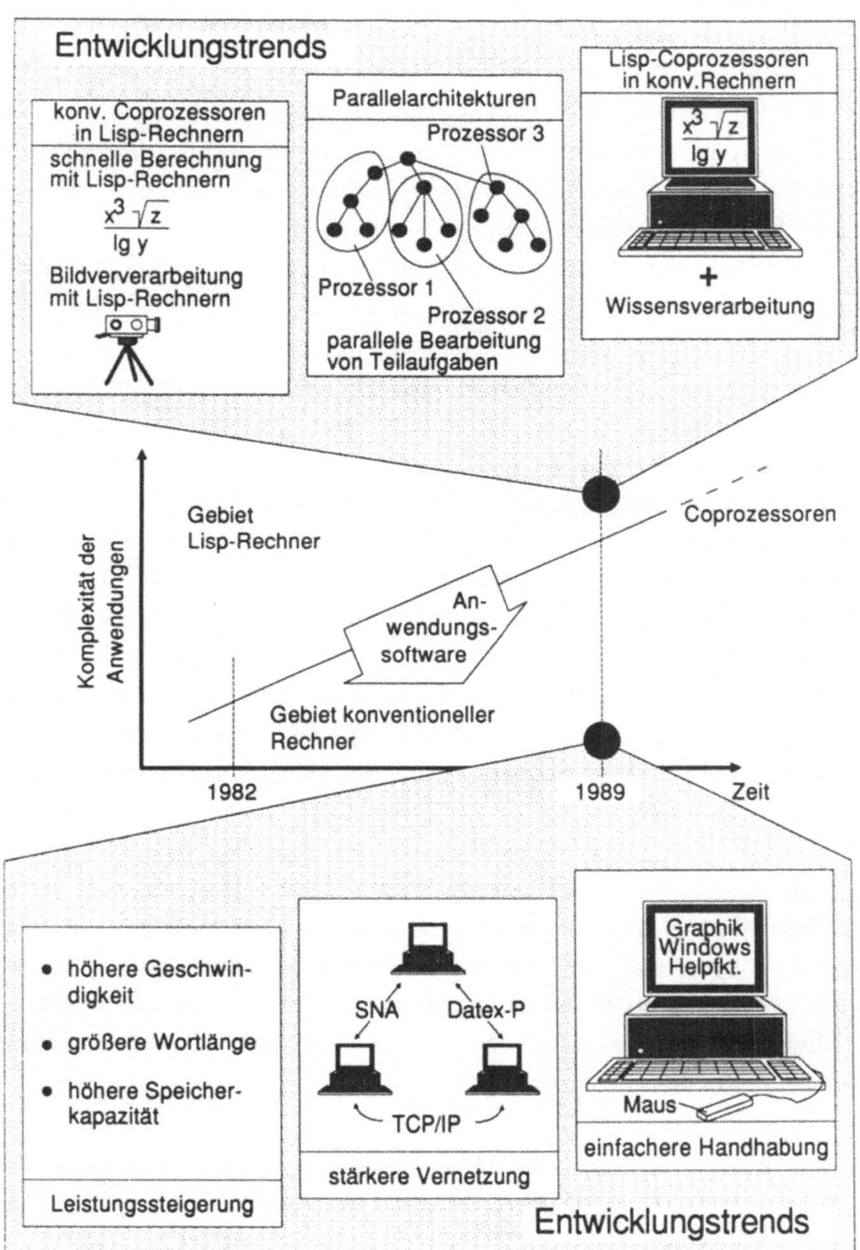

Bild 47: Entwicklungstrends im Hardwarebereich

4.3 Implementierung eines Systems zur Konzeption von Vorrichtungselementen

Nachdem in Kapitel 3 die Wissensgewinnung und Wissensrepräsentation für den Bereich der Vorrichtungskonstruktion beschrieben wurde, wird nachfolgend die Verarbeitung des Konstruktionswissens in zwei wissensbasierten Systemen dargestellt. Der vorliegende Abschnitt behandelt dabei die Implementierung eines Systems zur Konzeption von Vorrichtungselementen.

Bereits die in Zusammenarbeit mit Industrieunternehmen erfolgte Wissensgewinnung zeigte, daß die Konzeption von Vorrichtungselementen sehr stark auf einer funktionalen Betrachtungsweise basiert. Mehrere untersuchte Unternehmen zerlegten die Konstruktionsaufgabe in Funktionen, um dann mit Hilfe der morphologischen Methode ein Konstruktionskonzept zu entwickeln. Es erschien daher sinnvoll, die morphologische Methode dem zu entwickelnden wissensbasierten System zugrunde zu legen. Da die Morphologie als Methode aus der Konstruktionstheorie stammt, bestand zusätzlich die Möglichkeit, mit dem zu entwickelnden System eine Verbindung zwischen praktischer Konstruktion und Konstruktionstheorie zu schaffen /122-124/.

Bild 48 zeigt die Arbeitsweise des Systems IDA (Intelligent Design Assistant) genannten Systems. Die Anforderungen an ein neues Vorrichtungselement bilden die Eingangsinformationen für das System. Der Anforderungskatalog muß vor Nutzung des wissensbasierten Systems auf der Basis von Werkstück- und Vorrichtungsanalysen definiert werden.

Mit Hilfe des Systems IDA wird zunächst die Konstruktionsaufgabe in einzelne Funktionen zerlegt. Dabei werden äußere und innnere Funktionen eines Vorrichtungselementes betrachtet. Äußere Funktionen, wie z. B. "Spannen" oder "Anschlagen" sind diejenigen Funktionen, die direkt am Werkstück wirken. Innere Funktionen, wie z. B. "Kraft übertragen", ermöglichen die Realisierung der äußeren Funktionen, stehen aber nicht direkt mit dem Werkstück in Verbindung.

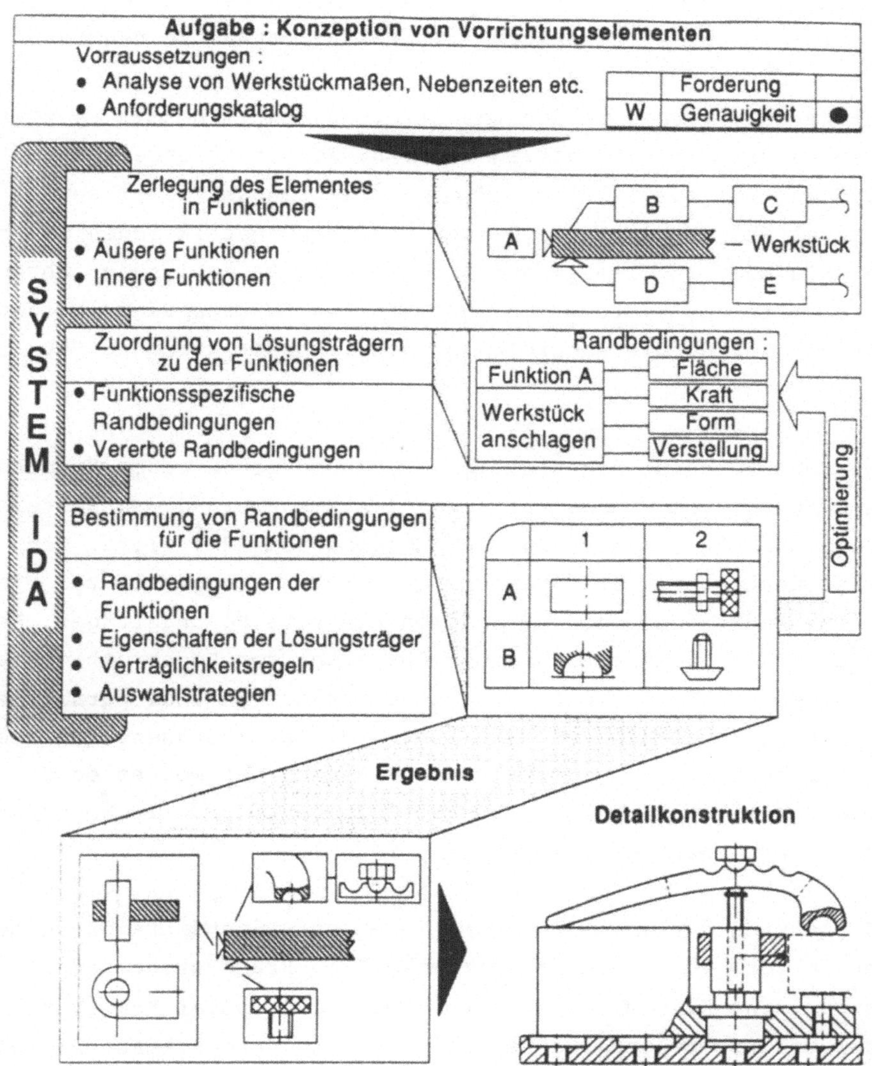

Bild 48: Arbeitsweise des Expertensystems IDA (Intelligent Design Assistant)

Die Bestimmung von Randbedingungen zu den Funktionen bildet den nächsten Arbeitsschritt. Durch die Angabe von Randbedingungen werden die noch weitgehend anwendungsneutralen Funktionen anwendungsspezifisch detailliert. Randbedingungen können erforderliche Kräfte, zur Verfügung stehende Flächen am Werkstück, Verstellmöglichkeiten oder z. B. Kostenrestriktionen sein. Durch die Angabe von Funktionen und Randbedingungen wird die Konstruktionsaufgabe beschrieben, ohne eine konstruktive Lösung vorweg zu nehmen.

Mit Hilfe des Systems werden anschließend den im Detail spezifizierten Funktionen Lösungsträger, d. h. Konstruktionselemente, zugeordnet. Die ausgewählten Lösungsträger müssen dabei sowohl einer Vielzahl von zum Teil gegensätzlichen Restriktionen gerecht werden als auch zu einer widerspruchsfreien Gesamtlösung führen. Die mit Hilfe des Systems IDA ausgewählten Lösungsträger bilden die Grundlage für die nachfolgende Detailkonstruktion am CAD-System.

Die Wissensbasis ist die wichtigste Komponente in einem Expertensystem. Aus diesem Grunde wurde zur Implementierung des Systems IDA zunächst die Organisation der Wissensbasis definiert. Den Ausgangspunkt hierzu bildeten die Konstruktionsobjekte, zum einen abstrakte Funktionen und zum anderen konkrete Lösungsträger. Bedingt durch den unterschiedlichen Charakter der Konstruktionsobjekte wurden die Funktionen und Lösungsträger in zwei parallelen Ästen der Wissensbasis abgelegt. Der eine Ast repräsentiert die Funktionsebene (ca. 20 Funktionen) im Rahmen der Morphologie, während der zweite Ast die Lösungsträgerebene (ca. 110 Konstruktionselemente) darstellt (Bild 49).

Die Strukturen der einzelnen Funktionen und Lösungsträger selbst wurden in Form von Frames beschrieben. Ein Frame steht dabei jeweils für eine Klasse von Objekten, wie z. B. aller Konstruktionselemente, mit denen eine Kraft erzeugt werden kann. Die einzelnen Elemente (z. B. Hydraulikzylinder) dieser Klasse bilden jeweils eine Instanz des Frames "Kraft erzeugen". Die Definition der spezifischen Attribute, Attributwerte und Constraints erfolgten entsprechend der in Abschnitt 3.2.3 hergeleiteten Vorgehensweise zur Wissensrepräsentation /77,78/.

Eine Besonderheit bei der Beschreibung der Objektinstanzen bildet die Anbindung übergeordneter Strukturinformationen an die jeweilige Instanz. Jede Instanz beinhaltet die Information, welchen übergeordneten Objekten sie zugeordnet werden kann. Durch diese

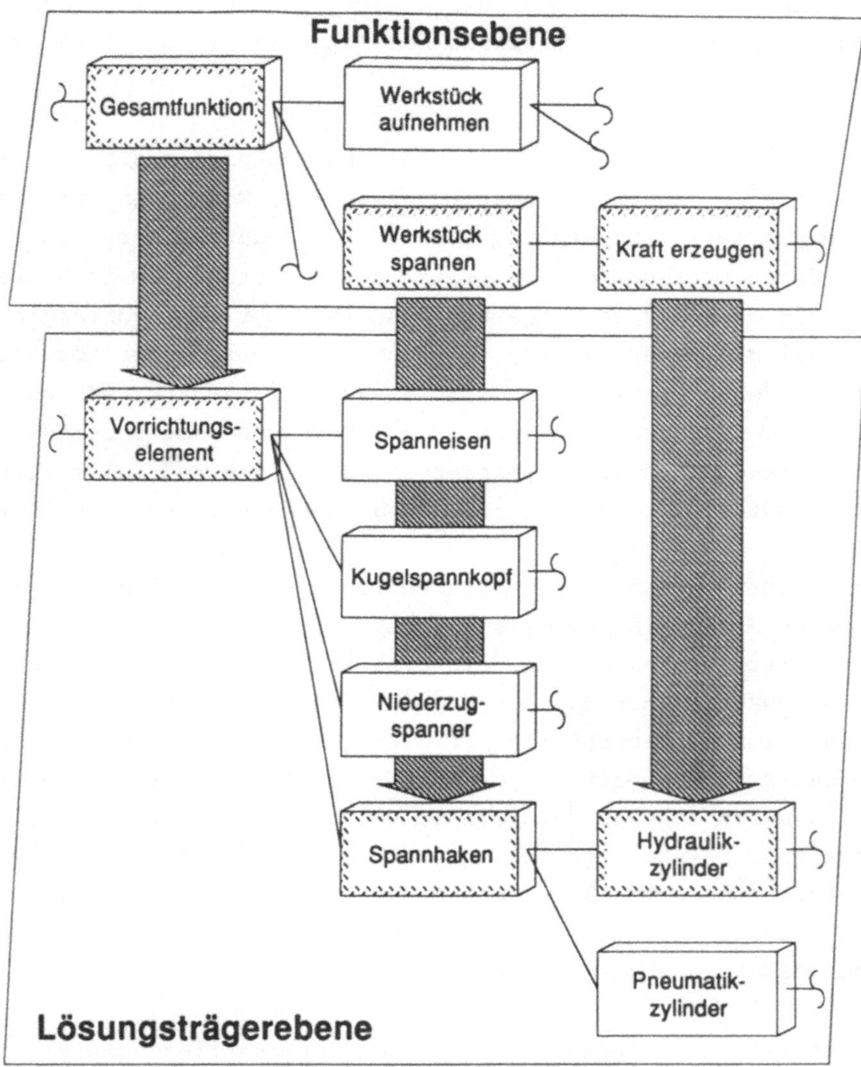

Bild 49: Parallelität zwischen der Funktionsebene und der Lösungsträgerebene

lokale Speicherung möglicher Strukturbeziehungen wird die Festlegung einer starren Gesamtstruktur vermieden. Abhängig von der Konstruktionsaufgabe können damit individuelle Objektstrukturen aufgebaut werden. Die Funktion "Einzelteile verbinden" kann z. B. an den unterschiedlichsten Stellen eines Vorrichtungselementes eingebunden werden, ohne daß die Gesamtfunktionsstruktur des Elementes vorab in der Wissensbasis des Expertensystems hätte definiert werden müssen.

Trotz des beschriebenen flexiblen Strukturaufbaus mußten die für die jeweiligen Funktionen oder Lösungsträger möglichen Strukturbeziehungen definiert werden. Bei der Festlegung dieser Beziehungen wurde angestrebt, die Denkweise des Konstrukteurs im System abzubilden. Hieraus resultierte, daß die Funktionen vorrangig funktional gegliedert wurden, während die Mehrzahl der Lösungsträger montageorientiert in der Wissensbasis strukturiert wurden. Am Beispiel bedeutet dies, daß in der Strukturebene unterhalb des Spannhakens ein Hydraulikzylinder steht, da der Hydraulikzylinder ein Bestandteil der Montagegruppe Spannhaken sein kann (Bild 49).

Neben der Definition von Strukturbeziehungen ist bei der Implementierung einer Wissensbasis die Reihenfolge der Implementierungsschritte von Bedeutung. Die Ursache hierfür liegt in der meist angewandten Methode des Rapid Prototypings begründet. Im Gegensatz zur konventionellen Programmierung ist bei dieser Methode das Systemkonzept zum Zeitpunkt der Implementierung noch nicht in allen Details festgelegt. Bei der Entwicklung eines wissensbasierten Systems fließen die bei der Implementierung gewonnenen Erfahrungen iterativ in die Systemgestaltung ein. Die während der ersten Arbeitsschritte gewonnenen Erkenntnisse beeinflussen daher in starkem Maße die weitere Systemrealisierung.

Grundsätzlich kann zwischen den beiden Implementierungsstrategien horizontale Implementierung und vertikale Implementierung unterschieden werden (Bild 50). Bei der horizontalen Implementierung wird die Wissensbasis Ebene für Ebene ausgebaut, während bei der vertikalen Implementierung die Wissensbasis um einzelne Äste ergänzt wird. Unter Implementierung wird in diesem Zusammenhang vorrangig die Eingabe von Daten zum Aufbau der Wissensbasis verstanden.

Die horizontale Implementierung bietet den Vorteil, daß sehr frühzeitig ein Prototypsystem zur Verfügung steht. Dieses Proto-

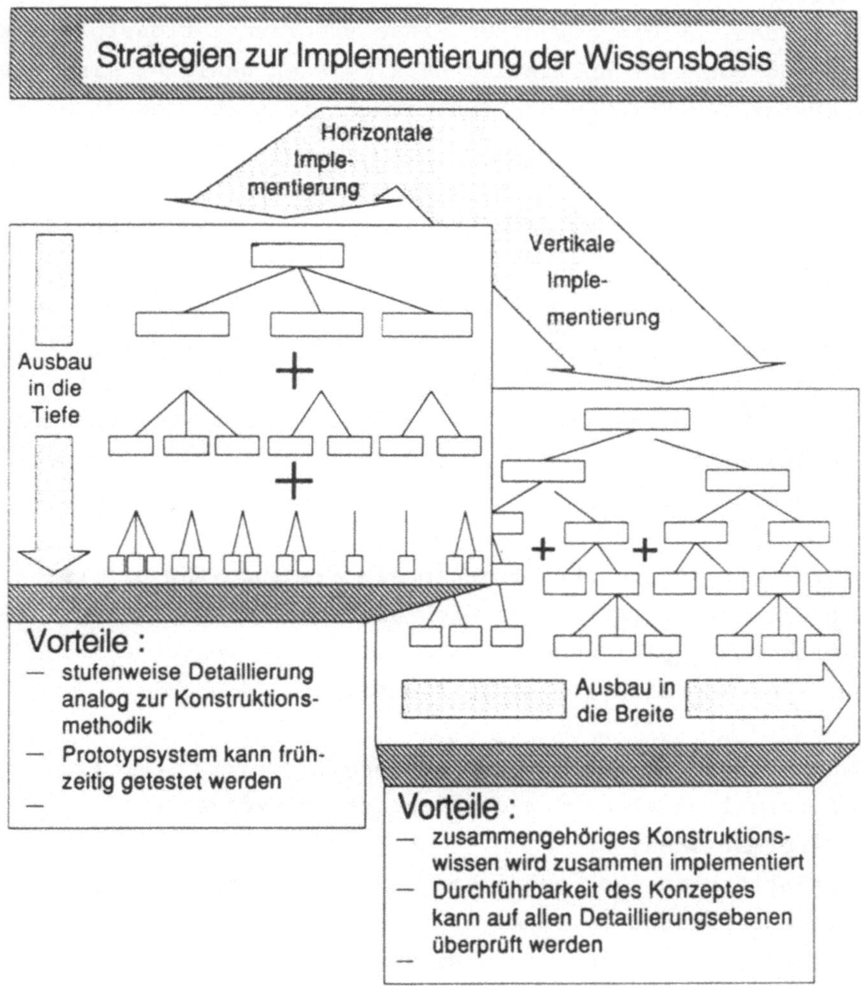

Bild 50: Strategien zur Implementierung der Wissensbasis

typsystem besitzt dann bereits auf oberer Ebene eine vollständige Wissensbasis. Das grundsätzliche Systemverhalten kann damit getestet werden. Ein weiterer Vorteil der horizontalen Implementierung liegt darin, daß die Wissensbasis analog zur Vorgehensweise in der Konstruktion schrittweise detailliert werden kann.

Der Vorteil der vertikalen Implementierung liegt demgegenüber darin, daß im Rahmen der ersten Entwicklungsschritte die Realisierbarkeit des Systemkonzeptes über unterschiedliche Detaillierungsstufen hinweg überprüft werden kann. Es kann z. B. festgestellt werden, ob die gewählten Wissensrepräsentationsformen zur Darstellung von sehr speziellem Detailwissen geeignet sind. Eine zuverlässige Beurteilung des Systemverhaltens ist jedoch erst nach Implementierung mehrerer Äste in der Wissensbasis möglich.

Zur Realisierung des Systems zur Konzeption von Vorrichtungselementen wurde eine Kombination aus den beiden o. g. Implementierungsstrategien gewählt. Zunächst wurde im Rahmen der horizontalen Implementierung ein Testsystem aufgebaut, um die prinzipielle Realisierbarkeit des Systemkonzeptes zu verifizieren. Mit Hilfe der vertikalen Implementierung wurde anschließend die Durchführbarkeit des Systemkonzeptes bis auf untere Detaillierungsstufen geprüft und der weitere Ausbau der Wissensbasis vorgenommen.

Sowohl für den Aufbau der Wissensbasis als auch für die spätere Nutzung des Gesamtsystems ist die Funktionalität der Benutzeroberfläche von großer Bedeutung. Dabei werden folgende Anforderungen an die Benutzeroberfläche gestellt:

- einfache, ergonomische Handhabung,
- Darstellung aller für den Benutzer notwendigen Informationen,
- Präsentation der benötigten Informationen in einer leicht erfaßbaren Form,
- verständliche Benutzerführung,
- komfortable Interaktionsmöglichkeiten für den Benutzer /125-128/.

Die o.g. Forderungen führten in dem System IDA zu einer stark grafisch orientierten Benutzeroberfläche. Einen Schwerpunkt bildet hierbei die flexible Darstellung von Strukturbeziehungen. Hierdurch wird z. B. dem Systementwickler die Einordnung von neuen Konstruktionsobjekten in die Wissensbasis wesentlich erleichtert. Bei größeren Strukturen hat er zusätzlich die Möglichkeit, eine grobe Übersicht oder beliebige Detailausschnitte zu wählen. Ergänzt wird die grafische Strukturdarstellung durch die Fenstertechnik. In vom Benutzer nach seinen Wünschen positionierbaren Fenstern können Zusatzinformationen dargestellt werden. Dabei kann es sich z. B. um die Beschreibung einzelner Konstruktionselemente, Konstruktionsanforderungen, Hilfstexte oder Anweisungen an den Benutzer handeln. Neben den beschriebenen Ausgabefenstern kann der Benutzer mit Hilfe von Eingabefenstern interaktiv in das System eingreifen. Erleichtert wird diese Eingabe durch "Pop-Up-Menüs", die durch die Bedienung der "Maus" angewählt werden können. Durch die Nutzung der "Maus" werden Eingaben über die Tastatur und die damit oft verbundene Beherrschung komplizierter Befehle weitestgehend vermieden.

Bild 51 zeigt als Beispiel für den Aufbau der Benutzeroberfläche die Beschreibung der Konstruktionsaufgabe. Im dargestellten oberen Bildschirmfenster ist ein Teil der Funktionsstruktur des neu zu konzipierenden Vorrichtungselementes enthalten. Mit Hilfe der

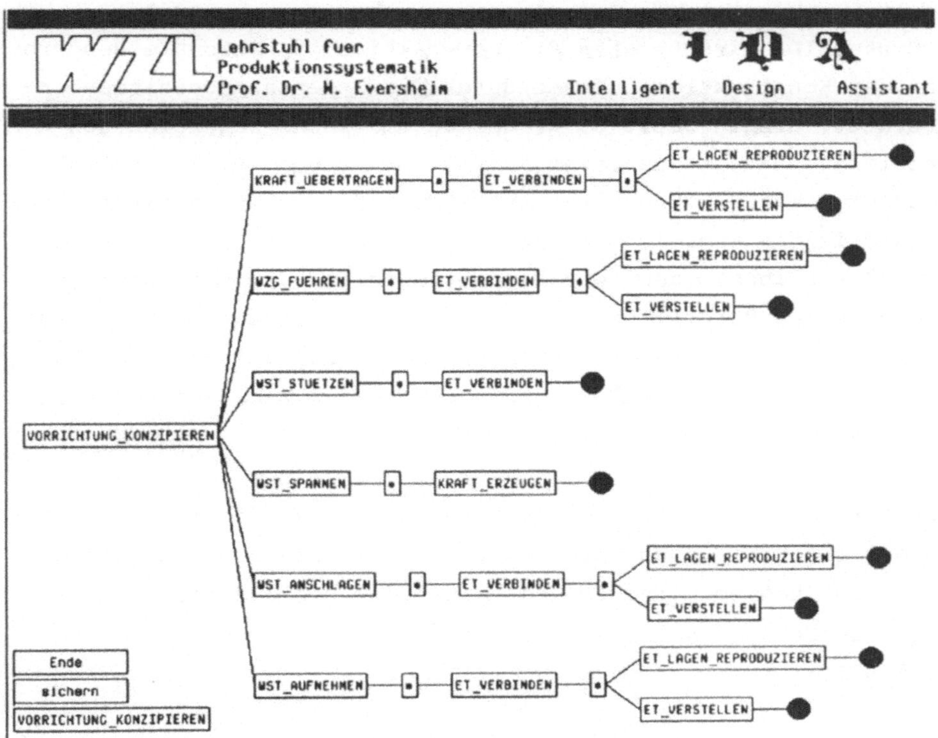

Bild 51: Funktionale Beschreibung der Konstruktionsaufgabe mit Hilfe des Systems IDA

"Maus" kann der Benutzer die Randbedingungen zu den gezeigten Funktionen festlegen. Parallel dazu kann er in weiteren Fenstern die jeweils bearbeitete Funktion angegeben und sich die bereits eingegebenen Randbedingungen darstellen lassen.

Neben der Wissensbasis und der Benutzeroberfläche sind die vorhandenen Inferenzmechanismen von entscheidender Bedeutung für ein wissensbasiertes System. Mit Hilfe der Inferenzmechanismen werden die zunächst statisch in der Wissensbasis abgelegten Informationen anwendungsspezifisch verknüpft. Außer der Richtigkeit und Vollständigkeit der abgeleiteten Lösungen wird durch die Inferenzmechanismen in starkem Maße die Effizienz und das Antwortzeitverhalten eines wissensbasierten Systems bestimmt. Hieraus ergibt sich die Notwendigkeit, die Inferenzmechanismen präzise auf das Anwendungsgebiet des Gesamtsystems und die eingesetzten Wissensrepräsentationsformen abzustimmen.

Im System IDA wird bereits die interaktive, funktionale Beschreibung der Konstruktionsaufgabe durch die Inferenzmechanismen unterstützt. Hierzu zählt u. a. die automatische Selektion von Funktionen. Hat der Benutzer Funktionen, wie z. B. "Werkstück spannen" gewählt, dann wird automatisch die Funktion "Kraft übertragen" in die Funktionsstruktur integriert. Mit Hilfe der Funktion "Kraft übertragen" wird sichergestellt, daß die Spannkraft innerhalb des Vorrichtungselementes übertragen werden kann. Weiterhin wird mit Hilfe der Inferenzmechanismen der Benutzerdialog so gesteuert, daß überflüssige Fragen an den Benutzer sowie inkonsistente Eingaben vermieden werden.

Nach der Definition des Konstruktionsproblems wird mit Hilfe des Systems IDA eine Lösung ermittelt. Eine wesentliche Aufgabe der Inferenzmechanismen ist in diesem Kontext die Zuordnung von Lösungsträgern zu den vom Benutzer spezifizierten Funktionen (Bild 52).

Entsprechend der Vorgehensweise des Konstrukteurs ist dabei eine Auswahl der Lösungsträger in mehreren Stufen notwendig. Zunächst werden die Lösungsträger nach Festforderungen selektiert. Kann

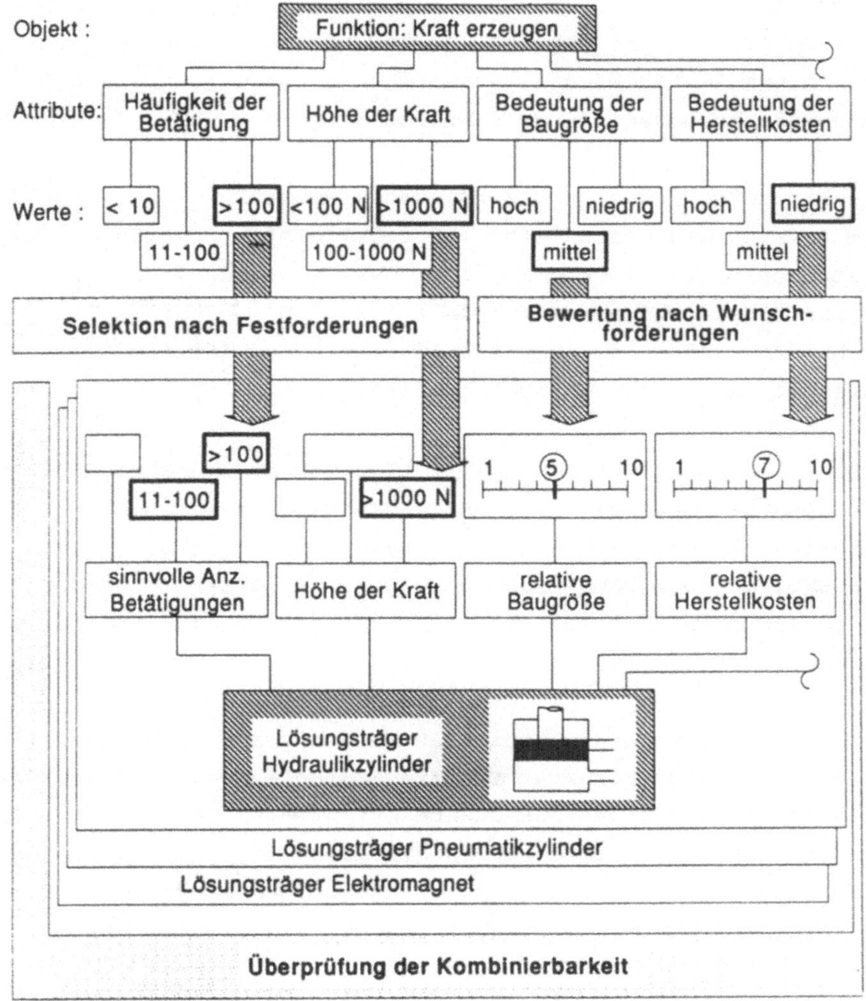

Bild 52: Auswahl von Lösungsträgern

z. B. ein Spannelement eine mindestens erforderliche Spannkraft nicht übertragen, dann ist die weitere Beurteilung dieses Elementes nicht sinnvoll. Erfüllen jedoch mehrere Elemente die Festforderungen, dann werden diese Elemente einer vergleichenden Bewertung nach den vom Benutzer individuell vorgegebenen Wunschforderungen unterzogen. Wunschforderungen können z. B. eine niedrige Baugröße oder niedrige Herstellkosten sein. Nach der Berücksichtigung der Wunschforderungen ist im dritten Arbeitsschritt die Kombinierbarkeit des ausgewählten Lösungsträgers mit den für die weiteren Funktionen bestimmten Lösungsträgern zu prüfen. Ist die Kombinierbarkeit nicht gegeben, so ist die iterative Permutation der zur Auswahl stehenden Lösungsträger notwendig, bis eine widerspruchsfreie Gesamtlösung erreicht wird.

Die Realisierung des oben beschriebenen Auswahlprozesses ist mit den im Bereich wissensbasierter Systeme verbreiteten Inferenzmechanismen nur unzureichend möglich. Zwar kann der Auswahlprozeß z. B. mit Regeln und deren Vorwärts- bzw. Rückwärtsverkettung nachgebildet werden, die Übersichtlichkeit und Effizienz des Gesamtsystems wären jedoch nicht gewährleistet.

Aus diesem Grund wurden zur Lösungsträgerauswahl systemspezifische Lisp-Funktionen als Inferenzmechanismen entwickelt. Mit Hilfe dieser Funktionen wurde auf der Basis des Mustervergleichs und eines Bewertungspolynoms eine sehr schnelle Verarbeitung der Konstruktionsobjekte erreicht (ca. 30 s für 110 Konstruktionselemente in der Wissensbasis des Systems).

Die Ergebnisse des Auswahlprozesses werden grafisch dargestellt (Bild 53). In ihrer Struktur ist die Ergebnisausgabe an der Beschreibung der Konstruktionsaufgabe orientiert. In Form einer Benennung und einer Skizze werden die Lösungsträger den vom Benutzer gewünschten Funktionen zugeordnet. Daneben können auf Wunsch alternative Lösungsträger zu einer Funktion dargestellt werden (Bild 53 unten).

4.4 Implementierung eines Systems zur Konstruktion von Vorrichtungen aus Vorrichtungselementen

Das in Abschnitt 4.3 beschriebene Expertensystem dient zur Konzeption von Vorrichtungselementen, die vielfach auch in Vorrichtungsbaukästen verwendet werden. Die Konfiguration der Vorrichtungselemente zu einer werkstückspezifischen Gesamtvorrichtung ist mit dem o. g. System jedoch nicht möglich. Die Implementierung eines Systems, das diese Aufgabe erfüllt, wird daher nachfolgend vorgestellt. Als Systemname wurde die Bezeichnung FIXPERT (Fixture Expert) gewählt.

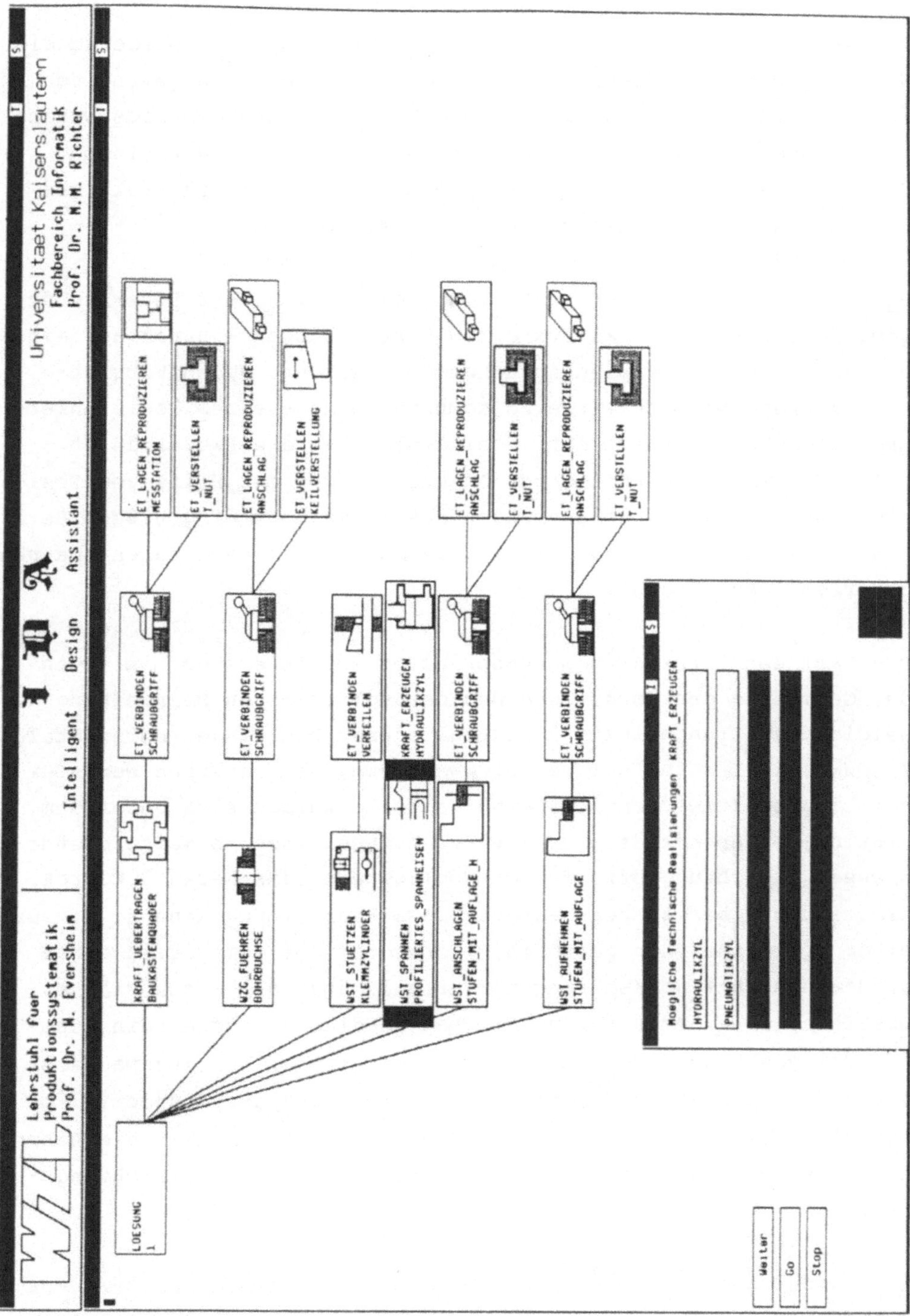

Bild 53: Beispiel für eine Ergebnisdarstellung mit Hilfe des Systems IDA

Den Ausgangspunkt für die Systementwicklung bildete wiederum die Wissensgewinnung. Hierzu wurden die in Kapitel 3 vorgestellten Methoden angewandt. In zwei Unternehmen des Maschinenbaus wurden z. B. insgesamt 350 Vorrichtungen untersucht, die auf einem Nuten-Baukastensystem beruhen. Ebenso wurden die Konstrukteure der Herstellerfirma des Baukastensystems befragt.

Bild 54 zeigt eines der zentralen Ergebnisse dieser Untersuchungen. Nahezu 90 % der analysierten Vorrichtungen konnten auf eines von acht Grundprinzipien zurückgeführt werden. Jedes Vorrichtungsgrundprinzip stellt eine Kombination aus einem Positionier- und einem Spannprinzip dar. Positioniert wird entweder durch außen am Werkstück anliegende Anschläge oder mit Hilfe von Positionierstiften, die in Bohrungen des Werkstücks eingreifen. Beim Spannen kann zwischen dem horizontalen und dem vertikalen Spannen unterschieden werden.

Die Wahl des Vorrichtungsgrundprinzips ist in erster Linie von der Geometrie des Werkstücks und der vorgesehenen Bearbeitung abhängig. Das Grundprinzip 3 (außenliegende Anschläge, horizontales Spannen) kann z. B. nur bei dickwandigen, biegesteifen Werkstükken eingesetzt werden. Dünnwandige Teile würden sich unter dem Einfluß der Spannkräfte verziehen. Auf der anderen Seite bietet dieses Vorrichtungsprinzip die Möglichkeit, das Werkstück großflächig von oben zu bearbeiten. Diese Bearbeitung kann u. a. aus einem Überfräsen der gesamten Fläche oder aus dem Setzen einer größeren Anzahl von Bohrungen, verteilt über die ganze Fläche, bestehen. In einem solchen Fall ist an dieser Fläche kein Raum für das senkrechte Spannen mit Spanneisen oder Aufsitzspannern vorhanden. Charakteristisch für die Anwendung des Grundprinzips 3 ist weiterhin, daß in nahezu allen untersuchten Fällen die Achse der Werkzeugspindel senkrecht zur Grundplatte der Vorrichtung lag.

Auch wenn durch die Wahl eines Grundprinzips die grobe Struktur einer Vorrichtung definiert wird, so muß jedoch berücksichtigt werden, daß für die konkrete Realisierung der Vorrichtung eine große Zahl von Freiheitsgraden existiert. Das Werkstück zu dem

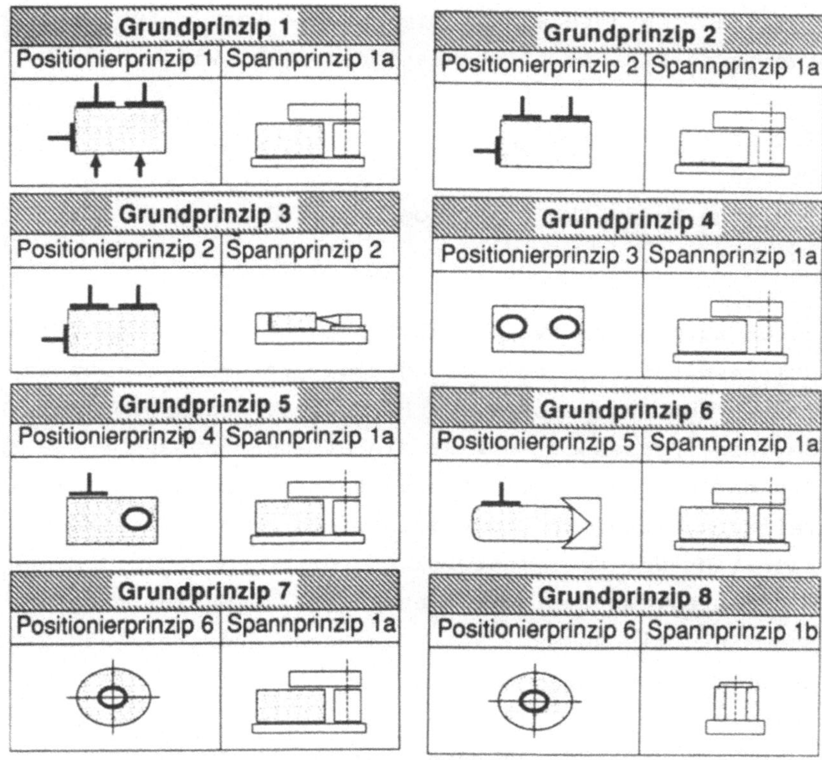

Bild 54: Vorrichtungsgrundprinzipien

oben beschriebenen Grundprinzip 3 könnte z. B. ein quaderförmiges Kleinteil, ein Hebel oder ein Werkzeugmaschinenbett sein. Ebenso lassen sich die Spann- und Positionierfunktionen durch eine Vielzahl von Baukastenelementen realisieren, die dazu noch in unterschiedlichster Weise angeordnet werden können. Die Bestimmung des zur Detaillierung eines Vorrichtungspinzips notwendigen Wissens nahm daher im Rahmen der Wissensgewinnung einen breiten Raum ein.

Die Umsetzung des ermittelten Konstruktionswissens in die Wissensbasis des Expertensystems bildete den nächsten Schritt der Systementwicklung. Grundlage hierzu waren die in Kapitel 3 beschriebenen Methoden zur Wissensrepräsentation. Als Softwarewerkzeug zur Systemimplementierung wurde das bereits genannte Rahmensystem Babylon eingesetzt.

Das System Babylon unterstützt die für die Vorrichtungskonstruktion benötigten Wissensrepräsentationsformen, wie

- Regeln,
- Frames,
- logische Ausdrücke in Prolog-Form und
- Constraints.

Das modular aufgebaute System Babylon enthält für jede der o. g. Wissensrepräsentationsformen einen sog. Prozessor (nicht zu verwechseln mit den Prozessoren der Hardware). Jeder Prozessor, wie z. B. der Regelprozessor, umfaßt die anwendungsunabhängige Software, die zur Eingabe, Speicherung, Darstellung und Verarbeitung der jeweiligen Wissensrepräsentationsform notwendig ist. Hierdurch kann sich der Systementwickler vorrangig auf die eigentliche Wissensrepräsentation konzentrieren. Die Steuerung des Gesamtsystems und die Kommunikation zwischen den einzelnen Prozessoren erfolgt durch einen Metaprozessor.

Ein wesentliches Merkmal der oben beschriebenen Systemarchitektur ist die Offenheit für Veränderungen bzw. Ergänzungen. Da die einzelnen Prozessoren weitestgehend unabhängig voneinander sind, können sie partiell an ein Anwendungsgebiet, wie z. B. die Vorrichtungskonstruktion, angepaßt werden, ohne daß die Funktionsfähigkeit des Gesamtsystems gefährdet wird. Änderungen am System Babylon setzen die Kenntnis der dem System zugrunde liegenden Programmiersprache LISP voraus.

Die Nutzung des Systems Babylon für den Aufbau der Wissensbasis im System FIXPERT soll nachfolgend anhand einiger Beispiele verdeutlicht werden. Ein wichtiges Hilfsmittel für den Systementwickler ist hierbei die Möglichkeit zur grafischen Darstellung von Beziehungen in der Wissensbasis. Dabei können jedoch nur hierarchische Baumstrukturen berücksichtigt werden. Die durchaus existierenden Querbeziehungen zwischen einzelnen Baumästen müssen vom Systementwickler ohne eine besondere Grafikunterstützung implementiert und gepflegt werden.

Bild 55 zeigt einen Ausschnitt aus der Wissensbasis. Die Knoten auf den oberen Baumebenen, wie z. B. "Auswahl - Vorrichtungsgrundprinzip", stehen für Regelpakete. Die Knoten auf den unteren Baumebenen repräsentieren demgegenüber direkt einzelne Regeln. Insgesamt wurden in der Wissensbasis des Systems FIXPERT über 600 Konstruktionsregeln repräsentiert. Um die Übersichtlichkeit der Baumstruktur zu gewährleisten, werden nicht alle verfügbaren Informationen sofort dargestellt, sondern zunächst nur die oberen Baumebenen. Der Systementwickler kann dann Knoten auswählen, die weiter detailliert werden sollen. Im vorliegenden Fall wurde das Regelpaket "Auswahl - Vorrichtungsgrundprinzip" angewählt, so daß die Bezeichnungen der dahinter liegenden Regeln sichtbar werden.

In einem noch weiter gehenden Detaillierungsschritt können zusätzlich einzelne Regeln aufgerufen werden, um deren Inhalt zu überprüfen. Die Regel "A-V-GP-45" enthält z. B. einen Teil der Bedingungen, die zur Auswahl des Vorrichtungsgrundprinzips 3 führen. Mit Hilfe dieser und ähnlicher Regeln wird in einer frühen Phase des Konstruktionsprozesses das Spann- und Positionierprinzip für das vorliegende Werkstück ausgewählt. Vorab wird jedoch u. a. mit Hilfe der Regel "D-B-U-10" geprüft, ob die gewünschte Bearbeitung überhaupt durchführbar ist.

Die Zuordnung der Konstruktionsregeln zu einzelnen Regelpaketen bietet mehrere Vorteile. Zunächst wird durch die Paketbildung die Transparenz der Wissensbasis erhöht. Der Systementwickler hat die Möglichkeit, gezielt die für bestimmte Konstruktionstätigkeiten notwendigen Regeln zusammenzustellen. Im gleichen Maße können durch die Strukturierung der Wissensbasis Fehler leichter lokalisiert werden. Ein weiterer Vorteil liegt in der Reduzierung der Antwortzeiten des Expertensystems. Abhängig von der jeweiligen Konstruktionsphase bzw. den Besonderheiten der vorliegenden Konstruktionsaufgabe können einzelne Regelpakete aktiviert werden.

Die Verarbeitung hunderter von Regeln für einen einzigen Konstruktionsschritt wird dadurch vermieden.

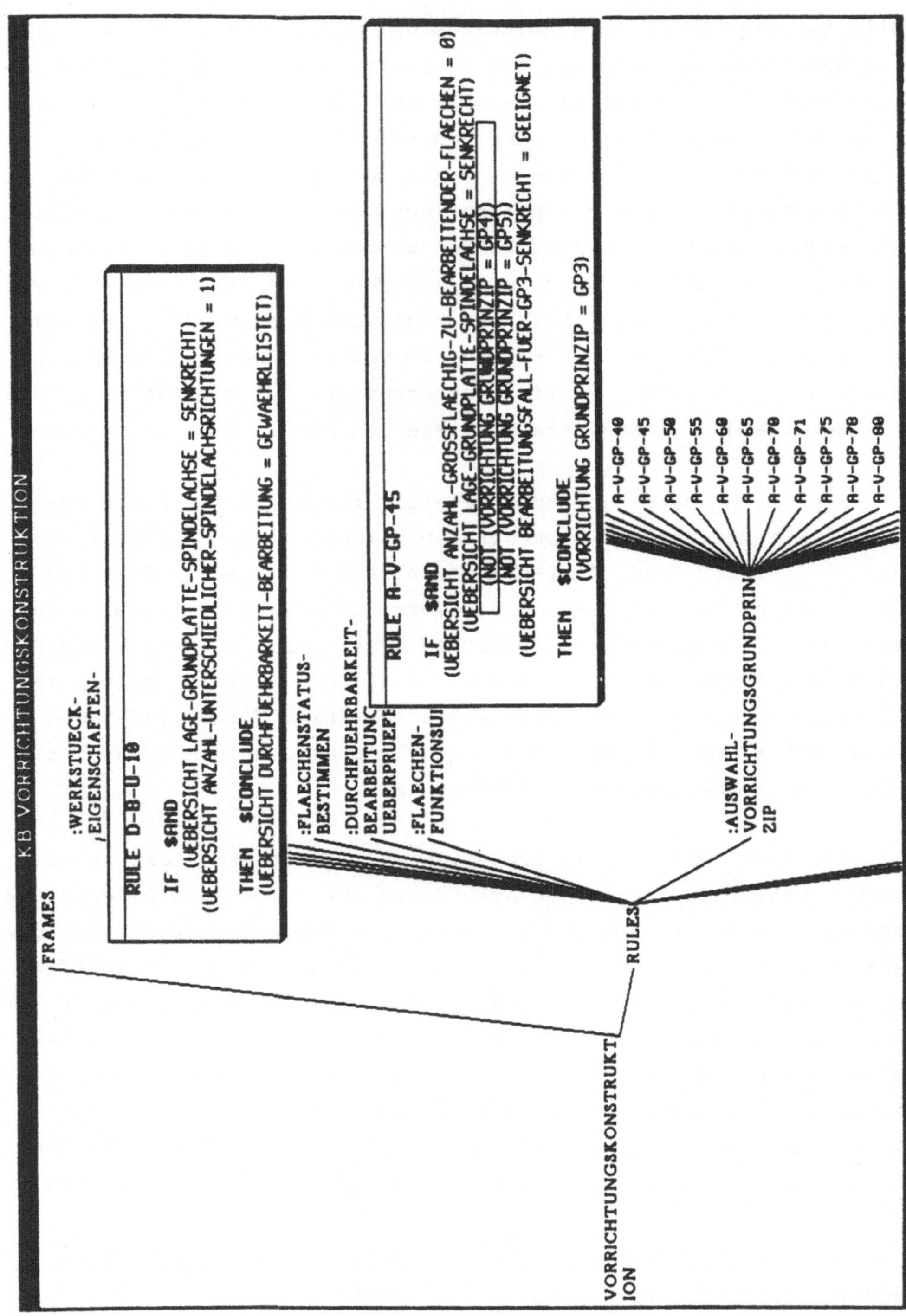

Bild 55: Darstellung von Regeln in der Wissensbasis des Expertensystems FIXPERT

Wie in Kapitel 3 beschrieben, reicht für ein Expertensystem zur Vorrichtungskonstruktion die Verarbeitung von Regeln alleine nicht aus. Aus diesem Grunde werden zur Systemimplementation auch die im System Babylon vorgesehenen Wissensrepräsentationsformen, wie Frames, Constraints und logische Ausdrücke, genutzt. Ein Beispiel hierfür ist die Beschreibung der Konstruktionsobjekte mit Hilfe von Frames.

Bild 56 zeigt einen kleinen Ausschnitt der Framestruktur zur Werkstückbeschreibung im System FIXPERT. Diese Struktur repräsentiert die im Abschnitt 3.2.4 dargestellte Objektstruktur zur Werkstückbeschreibung. Leider ist die Übersichtlichkeit der Framestruktur durch den eingeschränkten Funktionsumfang zur grafischen Darstellung von Strukturbeziehungen im System Babylon begrenzt. Im Gegensatz zur grafischen Beschreibung von Regelstrukturen stehen die übergeordneten, d. h. allgemeingültigeren Frames am rechten Bildrand. Der Detaillierungsgrad der Framestruktur nimmt daher von rechts nach links zu.

Die Gliederung der Werkstückinformationen erfolgte nach unterschiedlichen Kriterien. Ein Teil der Frames enthält Angaben zu Volumenelementen (3D-Darstellung). Mit diesen Frames werden zum einen die Rohteilgeometrie des Werkstücks und zum anderen Bearbeitungselemente, wie z. B. Bohrungen beschrieben. Ein anderer Teil der Frames enthält Flächeninformationen (2D-Darstellung). Unter dem übergeordneten "Fläche-Frame" ist in mehreren einzelnen Frames das Flächenmodell des Werkstücks und das Modell der Bearbeitungen abgelegt. Die Daten zu den Flächen des Werkstücks werden benötigt, da sich große Teile des Konstruktionswissens im Vorrichtungsbereich auf einzelne Flächen beziehen. Stellvertretend sind hier Regeln zur Anordnung von Vorrichtungselementen an den Auflage-, Anschlag- oder Spannflächen des Werkstücks zu nennen.

Da das Flächenmodell und das Volumenmodell des Werkstücks redundante Informationen enthält, ist die getrennte Eingabe beider Modelle in den Rechner nicht notwendig. Im vorliegenden Fall wurde zur Eingabe der Werkstückdaten die elementorientierte, kompakte

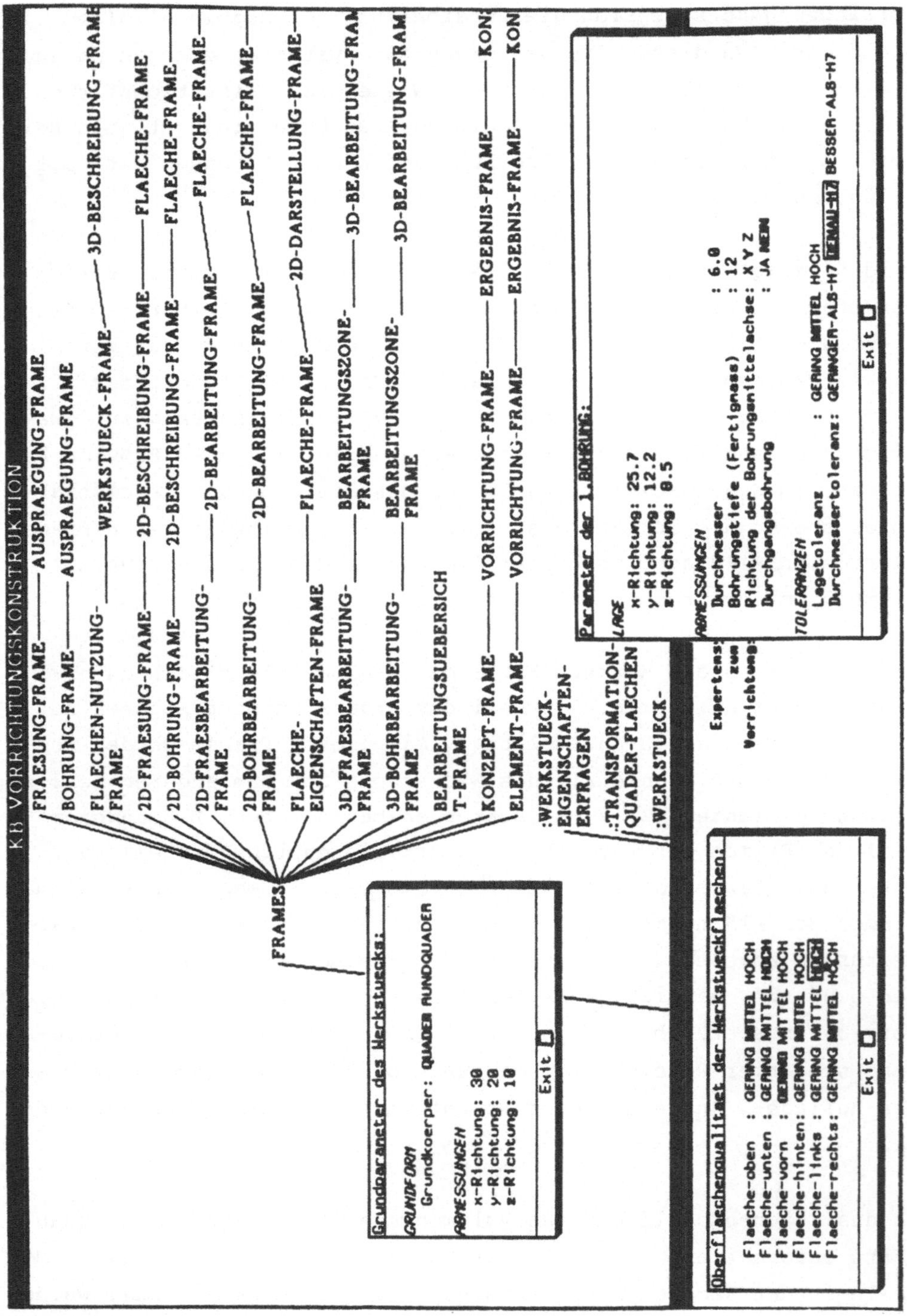

KB VORRICHTUNGSKONSTRUKTION

FRAMES
- FRAESUNG-FRAME — AUSPRAEGUNG-FRAME
- BOHRUNG-FRAME — AUSPRAEGUNG-FRAME
- FLAECHEN-NUTZUNG-FRAME — WERKSTUECK-FRAME — 3D-BESCHREIBUNG-FRAME
- 2D-FRAESUNG-FRAME — 2D-BESCHREIBUNG-FRAME — FLAECHE-FRAME
- 2D-BOHRUNG-FRAME — 2D-BESCHREIBUNG-FRAME — FLAECHE-FRAME
- 2D-FRAESBEARBEITUNG-FRAME — 2D-BEARBEITUNG-FRAME — FLAECHE-FRAME
- 2D-BOHRBEARBEITUNG-FRAME — 2D-BEARBEITUNG-FRAME — FLAECHE-FRAME
- FLAECHE-EIGENSCHAFTEN-FRAME — FLAECHE-FRAME — 2D-DARSTELLUNG-FRAME
- 3D-FRAESBEARBEITUNG-FRAME — BEARBEITUNGSZONE-FRAME — 3D-BEARBEITUNG-FRAME
- 3D-BOHRBEARBEITUNG-FRAME — BEARBEITUNGSZONE-FRAME — 3D-BEARBEITUNG-FRAME
- BEARBEITUNGSUEBERSICHT-FRAME
- KONZEPT-FRAME — VORRICHTUNG-FRAME — ERGEBNIS-FRAME — KON
- ELEMENT-FRAME — VORRICHTUNG-FRAME — ERGEBNIS-FRAME — KON

:WERKSTUECK-EIGENSCHAFTEN-ERFRAGEN

:TRANSFORMATION-QUADER-FLAECHEN

:WERKSTUECK-

Expertens... zum ... Vorrichtung...

Grundparameter des Werkstuecks:

GRUNDFORM
Grundkoerper: QUADER RUNDQUADER

ABMESSUNGEN
x-Richtung: 30
y-Richtung: 20
z-Richtung: 10

Exit

Parameter der 1.BOHRUNG:

LAGE
x-Richtung: 25.7
y-Richtung: 12.2
z-Richtung: 0.5

ABMESSUNGEN
Durchmesser : 6.0
Bohrungstiefe (Fertigmass) : 12
Richtung der Bohrungsmittelachse: X Y Z
Durchgangsbohrung : JA NEIN

TOLERANZEN
Lagetoleranz : GERING MITTEL HOCH
Durchmessertoleranz: GERINGER-ALS-H7 GENAU-H7 BESSER-ALS-H7

Exit

Oberflaechenqualitaet der Werkstueckflaechen:

Flaeche-oben : GERING MITTEL HOCH
Flaeche-unten : GERING MITTEL HOCH
Flaeche-vorn : GERING MITTEL HOCH
Flaeche-hinten: GERING MITTEL HOCH
Flaeche-links : GERING MITTEL HOCH
Flaeche-rechts: GERING MITTEL HOCH

Exit

Bild 56: Werkstückbeschreibung im System FIXPERT

Volumendarstellung gewählt. Die Ableitung der zahlreichen Flächendaten erfolgt anschließend automatisch aus den Elementbeschreibungen. Realisiert wurde die 3D/2D-Transformation mit Hilfe von LISP-Funktionen, die bei der Aktivierung der 3D-Frames aufgerufen werden.

Zur manuellen Beschreibung des Werkstücks, d. h. ohne Kopplung zum CAD-System, stehen dem Benutzer des Expertensystems Eingabemenüs zur Verfügung (Bild 56). Mit Hilfe dieser Menüs werden zu den Frames in der statischen Datenbasis des Expertensystems werkstückspezifische Instanzen in der dynamischen Datenbasis erzeugt. Während die Frames die allgemeine Struktur des Werkstücks repräsentieren, stellen die dazugehörigen Instanzen das fallspezifische Abbild dieser Struktur dar. Ein Frame kann hierbei durchaus mehrere Instanzen besitzen. Ein Beispiel sind Bohrbearbeitungen am Werkstück. Der Frame "3D-Bohrbearbeitung" ist nur einmal in der statischen Datenbasis vorhanden, obwohl an einem Werkstück eine Vielzahl von Bohrungen vorgesehen werden können. Für jede einzelne Bohrung wird deshalb eine Instanz mit den konkreten Daten der Bohrung gebildet, ohne daß jeweils die Struktur einer Bohrung erneut beschrieben werden müßte. Die Eingabe der Bohrungsdaten erfolgt durch den wiederholten Aufruf des zu dem Frame "3D-Bohrbearbeitung" gehörenden Eingabemenüs.

Bei komplexeren Werkstücken mit einer größeren Anzahl von Bearbeitungselementen wird die manuelle Werkstückbeschreibung mit Hilfe der Eingabemenüs sehr zeitaufwendig. Ein wesentlicher Nachteil dieser Methode liegt auch darin, daß vom Expertensystem keine grafische Darstellung des Werkstücks generiert wird. Hierdurch ist der Benutzer bei der Dateneingabe auf sein räumliches Vorstellungsvermögen oder zusätzliche Unterlagen, wie z. B. Zeichnungen, angewiesen. Da die Werkstückinformationen in der Regel aber bereits in einem CAD-System vorhanden sind, erschien es sinnvoll, diese Daten aus dem CAD-System in das Expertensystem zu übernehmen (<u>Bild 57</u>) /129-131/.

Im vorliegenden Fall diente ein marktgängiges 3D-CAD-System als Basis für die CAD-Expertensystem-Kopplung. Neben der Anwendung in

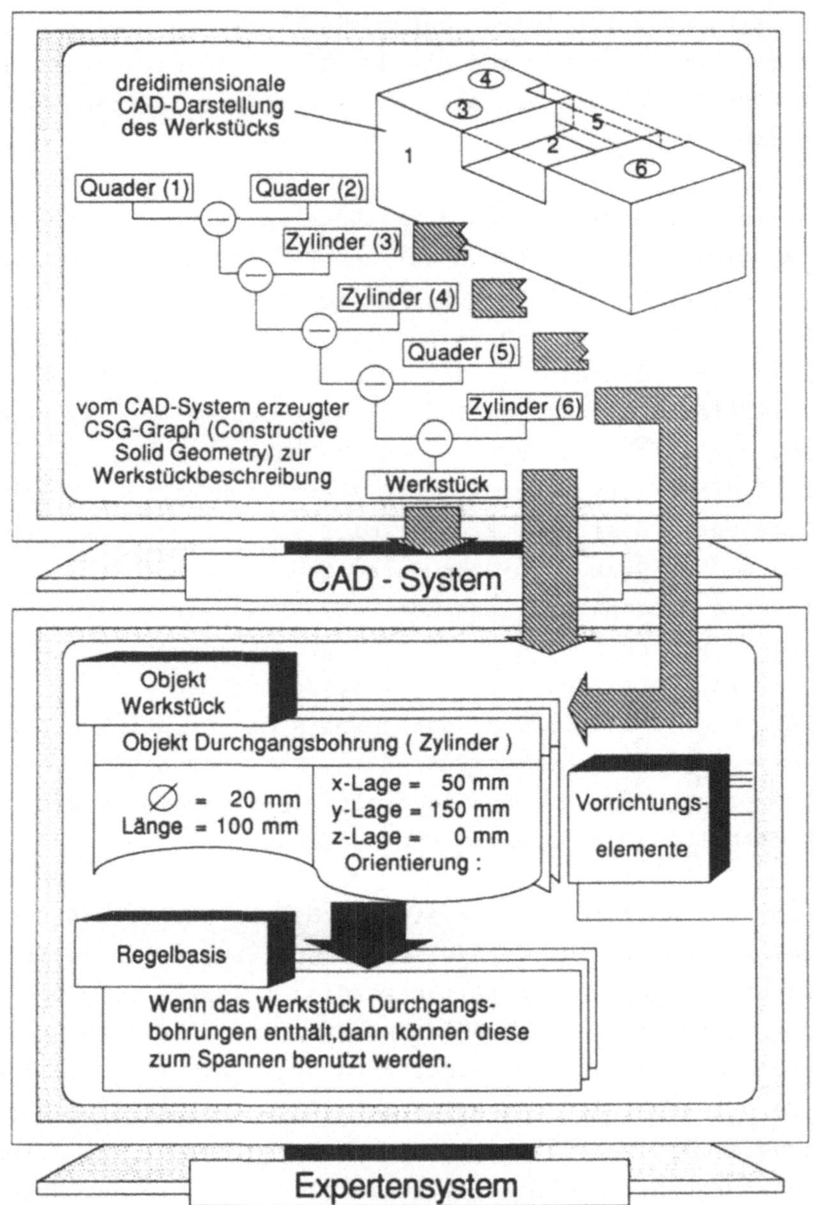

Bild 57: Nutzung der Informationen im CSG-Graph zur CAD-Expertensystem-Kopplung

zahlreichen Industrieunternehmen sprach für das System die Verfügbarkeit von CAD-Dateien mit den Beschreibungen der bei der Wissensgewinnung betrachteten Vorrichtungselemente. In bezug auf die Übernahme von Werkstückdaten bietet das System den Vorteil, daß es eine element- und volumenorientierte Beschreibung des Werkstücks zuläßt. Hierbei wird der Zusammenhang zwischen den einzelnen Volumenelementen (Solids) im CAD-System durch die Generierung eines CSG-Graphs (Constructive Solid Geometry) dokumentiert. Der CSG-Graph enthält zum einen die Basiselemente, mit denen z. B. das Werkstück definiert wurde, und zum anderen die Verknüpfungsoperationen zwischen den Elementen.

Die strukturierte Werkstückbeschreibung im CSG-Graph entspricht weitestgehend den vom Expertensystem benötigten Eingangsinformationen. Aus diesem Grunde wurde die Kopplung vom CAD-System zum Expertensystem auf der Basis der im CSG-Graph definierten Werkstückbeschreibung realisiert. Die Geometriedaten zu den Volumenelementen im CAD-System werden hierbei sequentiell den entsprechenden Instanzen in der dynamischen Datenbasis des Expertensystems zugeordnet. Neben den Geometriedaten des Werkstücks werden im Expertensystem technologische Daten zur Bearbeitungsaufgabe (z. B. Richtung und Höhe der Bearbeitungskraft) benötigt. Aus diesem Grunde wurde das CAD-System dahingehend erweitert, daß auch Technologiedaten am CAD-System eingegeben werden können. Diese Daten werden elementorientiert als Zusatzinformationen zu CSG-Graph im CAD-System verwaltet und können auch zum Expertensystem übertragen werden.

Bisher wurde im wesentlichen beschrieben, welche Daten vom CAD-System zum Expertensystem übertragen werden. Nachfolgend soll der Schwerpunkt darauf liegen, wie die Daten übertragen werden.

Aufgrund der völlig verschiedenen Systemumgebungen des CAD-Systems und des Expertensystems waren die Voraussetzungen für eine Kopplung kaum gegeben. Während das CAD-System auf konventionellen Multiusersystemen oder Unix-Workstations lauffähig ist, wurde das Expertensystem auf einer LISP-Workstation entwickelt. Die Nutzung eines gemeinsamen Rechners für beide Systeme war nicht möglich, da einerseits das System Babylon einen LISP-Rechner erforderte und andererseits das CAD-System nur auf konventionellen Rechnern verfügbar ist. Entsprechend der unterschiedlichen Hardwarebasis weichen auch die Betriebssysteme der Rechner voneinander ab. Ein weiteres Hindernis für eine Systemkopplung bildeten die voneinander abweichenden Programmiersprachen, Fortran auf der CAD-Seite sowie LISP auf der Expertensystemseite. Die Unterschiede in den Programmiersprachen sind wiederum Ausdruck der Programmiermethoden, die bei beiden Systemen realisiert wurden. Das CAD-System ist ein konventionelles, prozedural implementiertes System, während dem Expertensystem eine deklarative, d. h. beschreibende Programmiertechnik zugrunde liegt.

Die Lösung des oben dargestellten Kopplungsproblems wurde in der Anwendung des ISO-7-Schichten-Modells gefunden (ISO = International Standard Organization) (Bild 58). Nach diesem Modell wird der Kommunikationsprozeß zwischen zwei oder mehreren Systemen in sieben voneinander weitestgehend unabhängige Schichten zerlegt. Jede einzelne Schicht hat genau definierte Aufgaben bzw. Schnittstellen zu der darüber und darunter liegenden Schicht. Der Vorteil dieses ISO-Modells liegt darin, daß die Realisierung der Schichten auf unterschiedliche Weise erfolgen kann. Hierdurch können die Besonderheiten der jeweiligen Systemumgebungen berücksichtigt werden.

Im vorliegenden Fall wurde für die physikalische Datenübertragung (Schicht 1) sowie für die Gewährleistung einer gesicherten Datenübertragung (Schicht 2) das Ethernet-Protokoll auf der Basis eines Breitband-LANs genutzt (LAN = Local Area Network). Die Vorteile des Ethernet-Protokolls liegen einerseits in der hohen Übertragungsrate von 10 Mbit pro Sekunde und zum anderen in der Verfügbarkeit für nahezu alle marktgängigen Workstations und Zentralrechner /132-136/.

Die Schichten 3 - 5 wurden sowohl auf der Lisp-Workstation als auch auf dem konventionellen Rechner mit den gleichen Übertragungsprotokollen realisiert. Die Herstellung einer Verbindung zwischen den beiden Rechnern (Schicht 3) wird vom Internet Proto-

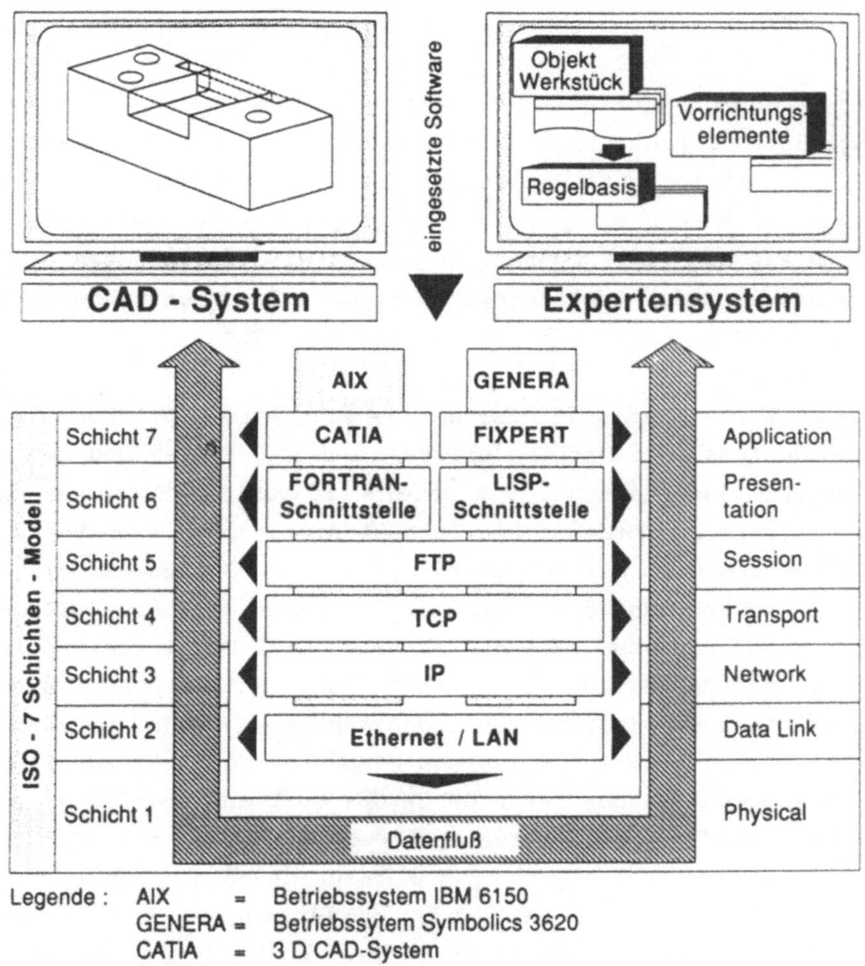

Legende : AIX = Betriebssystem IBM 6150
GENERA = Betriebssytem Symbolics 3620
CATIA = 3 D CAD-System
FIXPERT = Expertensystem
FTP = File Transfer Protocol
TCP = Transmission Control Protocol
IP = Internet Protocol
Lan = Local Area Network
ISO = International Standard Organisation

Bild 58: CAD-Expertensystem-Kopplung auf der Basis des ISO-Schichtenmodells

col (IP) übernommen, während das Transmission Control Protocol (TCP) die Bildung von Datenblöcken, die Fehlersicherung und die Datenflußkontrolle gewährleistet (Schicht 4). Hierauf baut dann in Schicht 5 das File Transfer Protocol (FTP) auf, das die Übertragung von Dateien aus dem Betriebssystem GENERA in das Betriebssystem AIX und umgekehrt erlaubt. Die Generierung und Interpretation der übertragenen Dateien wird mit Hilfe von speziell entwickelten Schnittstellenprogrammen auf dem jeweiligen Rechner durchgeführt (Schicht 6). Ein Fortran-Schnittstellenprogramm stellt auf dem konventionellen Rechner die Verbindung zum CAD-System her, während als Kopplung zum Expertensystem ein LISP-Programm auf dem Lisp-Rechner eingesetzt wird. Sowohl das CAD-System als auch das Expertensystem bilden als Anwendungssysteme die Schicht 7 im Sinne des ISO-Schichtenmodells.

Im Rahmen der bisher realisierten Kopplung werden pro Konsultation mindestens zwei Dateien zwischen dem CAD-System und dem Expertensystem ausgetauscht. ä Datei wird vom CAD-System an das Expertensystem übertragen. Sie enthält die geometrische Beschreibung des Werkstücks auf der Grundlage des CSG-Graphs und die technologischen Daten der Bearbeitungsaufgabe. Nach Abschluß des Konstruktionsprozesses wird andererseits eine Datei vom Expertensystem an das CAD-System übermittelt. Inhalt dieser Datei sind die Bezeichnungen, Koordinaten und Orientierungen der Baukastenelemente, die die zu dem Werkstück gehörende Vorrichtung bilden. Nach Interpretation der Daten durch das Fortran-Schnittstellenprogramm kann damit die Vorrichtung vom CAD-System grafisch dargestellt werden. Abhängig von den Anforderungen des Benutzers ist es auch möglich, weitere Dateien zu generieren, um z. B. alternative Konstruktionsvorschläge anhand der CAD-Darstellungen vergleichen zu können.

Die mit Hilfe der CAD-Expertensystem-Kopplung übertragenen Dateien bilden die Eingangs- und Ausgangsinformationen des Konstruktionsprozesses im Expertensystem. Während die Repräsentation des Konstruktionswissens in der Wissensbasis des Expertensystems bereits beschrieben wurde, gibt <u>Bild 59</u> einen Überblick zum Ablauf des eigentlichen Konstruktionsprozesses. In seinen Hauptphasen ist der im Expertensystem abgebildete Konstruktionsprozeß vergleichbar mit der Vorgehenstechnik des Vorrichtungskonstrukteurs. Hierdurch konnte das zusammen mit Vorrichtungskonstrukteuren bestimmte Konstruktionswissen direkt in das Expertensystem umgesetzt werden.

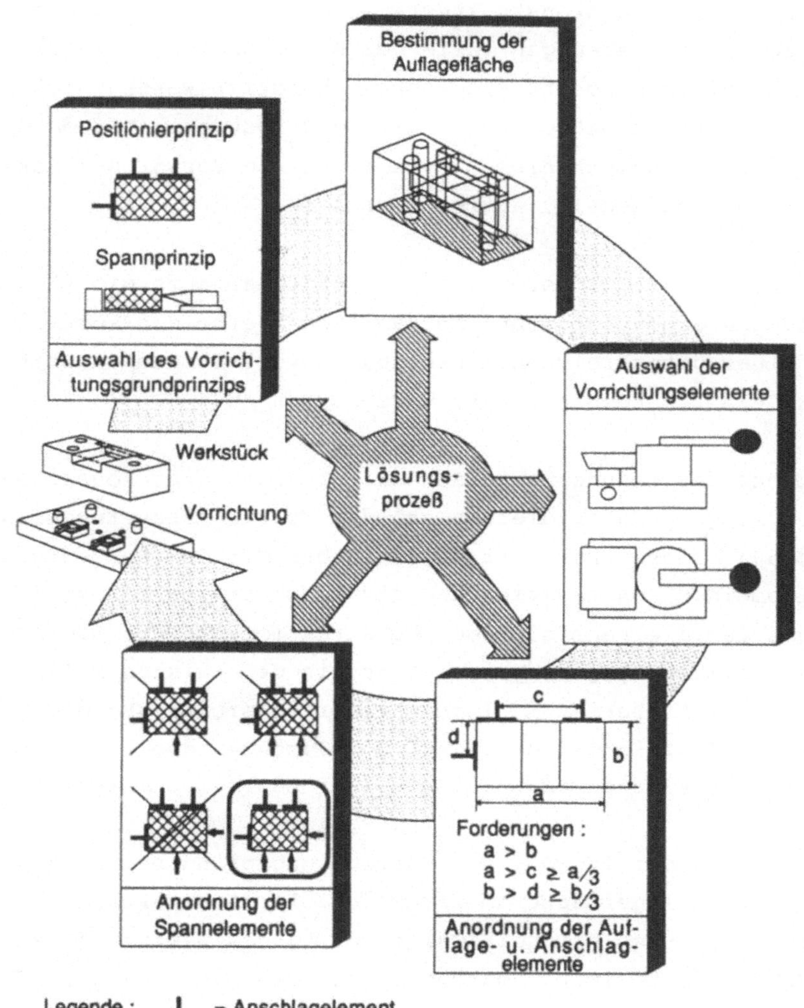

Bild 59: Ablauf des Konstruktionsprozesses im System FIXPERT

Während bei einem konventionellen Programmsystem jeder Arbeitsschritt durch eine dazugehörige Programmzeile exakt vorgegeben ist, ist die Ablaufsteuerung in einem Expertensystem flexibler. Bei kleineren wissensbasierten Systemen wird der Lösungsprozeß alleine durch die in der Wissensbasis gespeicherten Informationen gesteuert, die von Inferenzmechanismen verknüpft werden. Im vorliegenden Fall wurde aufgrund der Systemgröße eine Grobsteuerung des Systemablaufs vorgegeben. Entsprechend der o. g. Vorgehenstechnik des Vorrichtungskonstrukteurs werden mit Hilfe sogenannter "Instructions" diejenigen Teile der Wissensbasis aktiviert, die in der jeweiligen Konstruktionsphase benötigt werden /118/. Innerhalb einer Konstruktionsphase wird der Lösungsprozeß dann wieder durch Inferenzmechanismen, wie z. B. die Vorwärts-/Rückwärtsverkettung von Regeln, aufrechterhalten.

Die Kombination einer Grobsteuerung des Systemablaufs mit flexibel arbeitenden Schlußfolgerungsmechanismen bietet den Vorteil, daß trotz einer umfangreichen Wissensbasis vertretbare Antwortzeiten des Gesamtsystems erreicht werden konnten.

Den Startpunkt des Lösungsprozesses bildet nach einer Konsistenzprüfung der Eingangsdaten die Auswahl des Vorrichtungsgrundprinzips (Bild 59). Diese Phase ist vergleichbar mit der Konzeptphase in der allgemeinen Konstruktion und dient zur Einschränkung des Lösungsraums für die nachfolgenden Konstruktionsphasen. Die Auswahl eines Vorrichtungsgrundprinzips ist in den meisten Fällen aufgrund weniger Kriterien möglich. Kriterien sind z. B. das Vorhandensein von Positionierbohrungen im Werkstück, die Anzahl der zu bearbeitenden Flächen oder die Höhe der Bearbeitungskräfte.

Eng verbunden mit der Auswahl des Vorrichtungsprinzips ist die Bestimmung der Auflagefläche am Werkstück. In dieser Phase des Konstruktionsprozesses wird die Orientierung des Werkstücks zu der Vorrichtung festgelegt. Unabhängig von der Lage des Werkstücks im CAD-System wird mit Hilfe des Expertensystems geprüft, in welcher Orientierung eine Bearbeitung des Werkstücks möglich ist. Hierbei werden die Geometrie und die Oberflächenqualität möglicher Auflageflächen des Werkstücks berücksichtigt.

Den nächsten Schritt im rechnergestützten Konstruktionsprozeß bildet die Auswahl der Vorrichtungselemente aus dem Vorrichtungsbaukasten. Die Grundtypen der Vorrichtungselemente, wie z. B. horizontale oder vertikale Spannelemente, sind dabei bereits durch das Vorrichtungsprinzip vorgegeben. Bei der Feinauswahl der Vorrichtungselemente müssen ergänzend hierzu u. a. die angestrebten Fertigungsgenauigkeiten, die Größe des Werkstücks und die auftretenden Bearbeitungskräfte beachtet werden.

Die konkrete Vorrichtungskonstruktion entsteht nachfolgend durch die räumliche Anordnung der Vorrichtungselemente. Hierbei werden zunächst die Auflage- und Anschlagelemente positioniert. Ihre Lage ist ein wichtiges Kriterium für die anschließende Anordnung der Spannelemente. Bei der Positionierung der Vorrichtungselemente wird im ersten Ansatz eine theoretisch ideale Anordnung angestrebt. Theoretisch ideal heißt in diesem Zuammenhang, daß Anschlagelemente z. B. so weit wie möglich voneinander entfernt liegen sollten, um Winkelfehler bei der Lage des Werkstücks zu vermeiden. Ausgehend von der theoretisch idealen Anordnung der Vorrichtungselemente wird dann iterativ die praktisch realisierbare Anordnung ermittelt. Realisierbar ist eine Elementanordnung u. a. dann, wenn keine Kollisionen mit anderen Baukastenelementen oder den Bearbeitungswerkzeugen auftreten und die Elemente untereinander verbunden werden können.

Bild 60 zeigt für ein einfaches Werkstück die Ergebnisse des Konstruktionsprozesses als CAD-Darstellung. Für den Aufbau der Vorrichtung wurde im Expertensystem das Vorrichtungsgrundprinzip 3 gewählt. Durch die Nutzung der Niederzugspanner ist es möglich, die gesamte Werkstückoberfläche zu bearbeiten. Daneben ist durch die Anordnung der Auflage- und Anschlagelemente die eindeutige Lage des Werkstücks gewährleistet, ohne daß es zu einer Überbestimmung kommt.

Bis auf die Eingabe der Werkstück- und Bearbeitungsdaten am CAD-System lief der gesamte Konstruktionsprozeß automatisch ab.

Mit Hilfe des Systems FIXPERT ist es möglich, für ein breites Spektrum kubischer Werkstücke unterschiedlichste Vorrichtungen zu generieren. Trotz der mit über 600 Konstruktionsregeln, zahlreichen Frames und Algorithmen umfangreichen Wissensbasis liegen die mit dem System erreichbaren Konstruktionszeiten unter 5 Minuten.

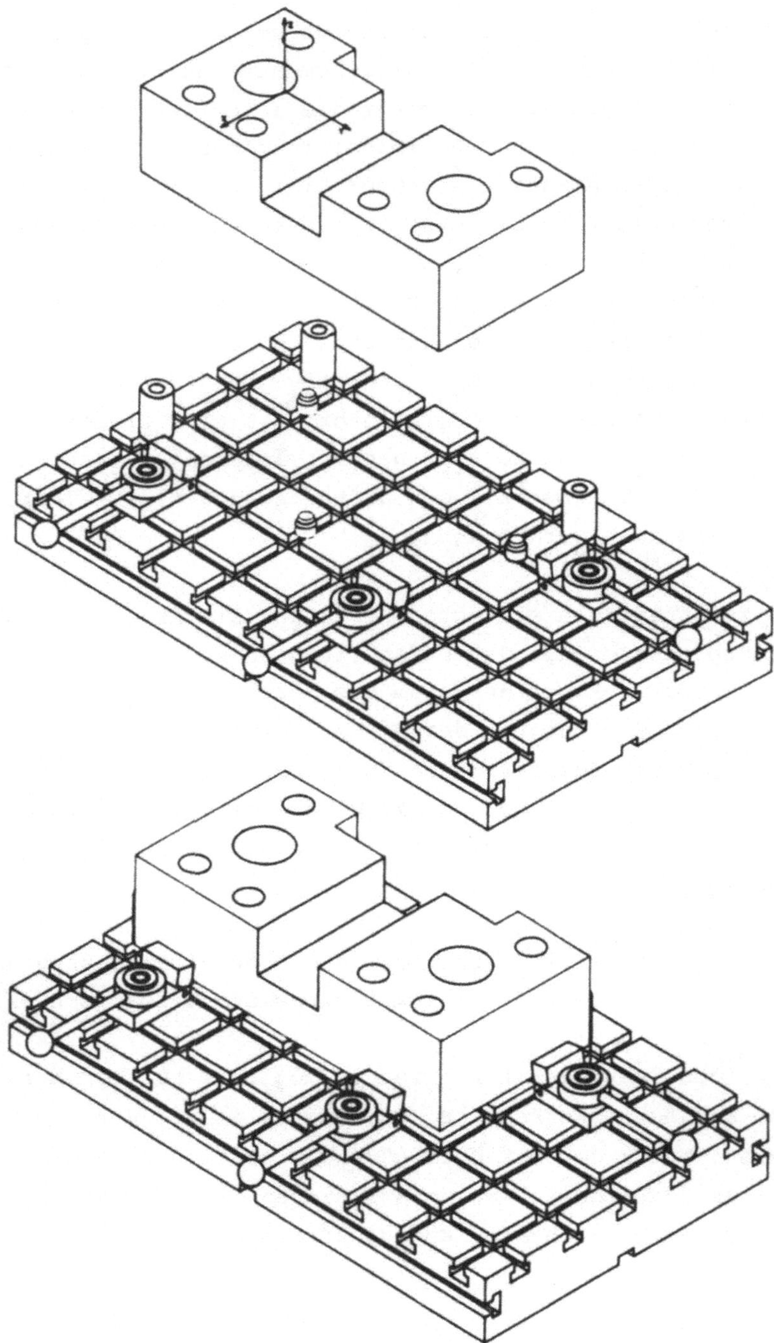

Bild 60: CAD-Darstellung von Werkstück und Vorrichtung mit Hilfe des Systems CATIA

5. Integration der entwickelten Systeme im Unternehmen

In den vorherigen Kapiteln wurde die Entwicklung wissensbasierter Systeme für die Vorrichtungskonstruktion beschrieben. Nachfolgend soll dargestellt werden, wie diese Systeme zukünftig in den Informationsfluß eines Unternehmens integriert werden können.

Die Mehrzahl der Konzepte zum Computer Integrated Manufacturing (CIM) beziehen sich auf die produktorientierte Integration der für die Auftragsabwicklung notwendigen EDV-Systeme. Dabei kann grob in den Planungsbereich und den Produktionsbereich unterschieden werden. Der Planungsbereich umfaßt die Produktkonstruktion, die Arbeitsplanung und die NC-Programmierung, während die Fertigung und die Montage den Produktionsbereich bilden. Bereichsübergreifend begleitet wird die Auftragsabwicklung durch Systeme zur Qualitätssicherung (CAQ) und zur Produktionsplanung und -steuerung (PPS) /1-4,137,138/.

Ein Nachteil der o. g. CIM-Konzepte ist, daß die für die Fertigung und Montage der Produkte notwendigen Vorrichtungen nur ungenügend berücksichtigt werden. So ist zwar in der Regel die Verwaltung der organisatorischen Vorrichtungsdaten im PPS-System möglich, eine CIM-Kette für den Vorrichtungsbereich existiert jedoch nicht /139-141/.

Bild 61 zeigt, wie die entwickelten wissensbasierten Systeme in ein CIM-Konzept integriert werden können, das auch den Vorrichtungsbereich abdeckt. Es muß jedoch angemerkt werden, daß sich dieses Konzept vorrangig auf die Nutzung von Baukastenvorrichtungen bezieht. Die Gründe hierfür liegen darin, daß Baukastenvorrichtungen

- ein sehr breites Werkstück- und Bearbeitungsspektrum abdecken,
- mit Hilfe wissensbasierter Systeme effizient konstruiert werden können,
- keine Fertigungsaufwände verursachen,

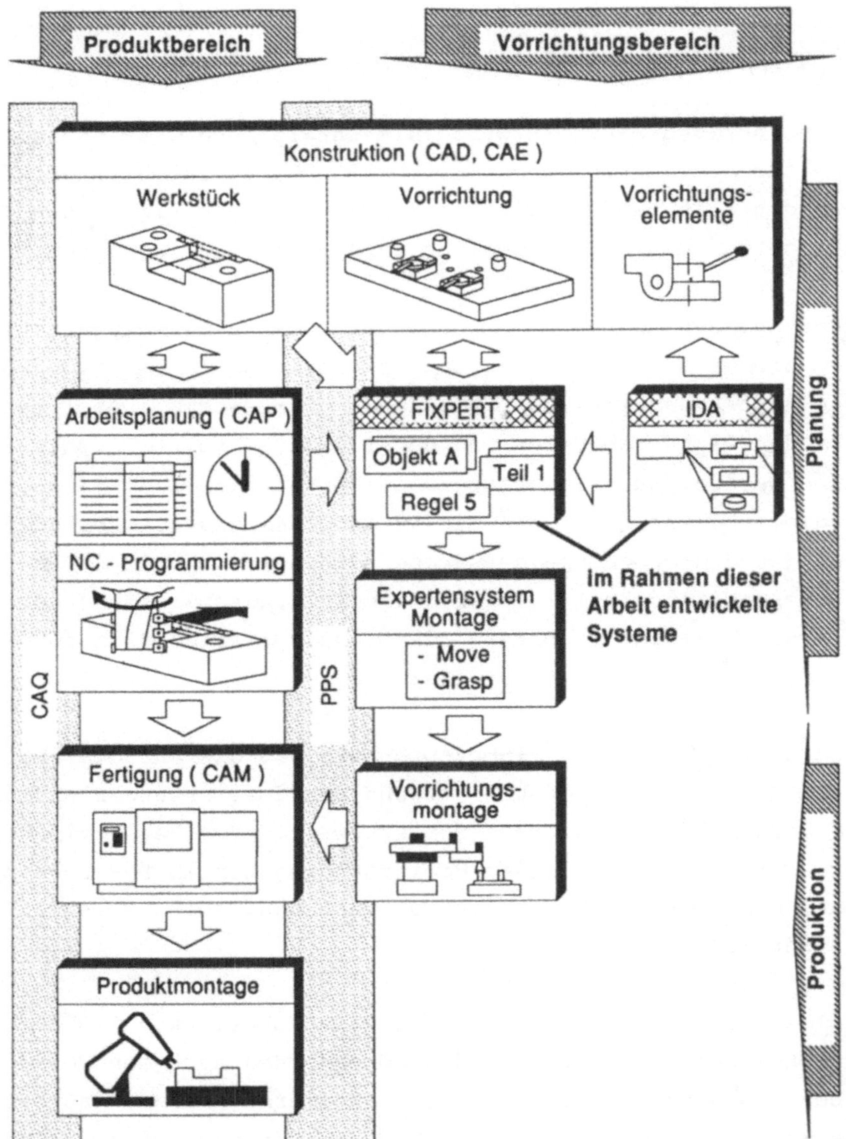

Bild 61: Integration der entwickelten Systeme für die Vorrichtungskonstruktion in ein CIM-Konzept

- in kurzer Zeit für den Fertigungsprozeß bereitgestellt werden können und
- aufgrund der Wiederverwendung der Baukastenelemente nur eine geringe Kapitalbindung und Lagerbelastung verursachen.

Neben Baukastenvorrichtungen können für geometrisch einfache Werkstücke natürlich auch Standardvorrichtungen, wie z. B. Schraubstöcke, eingesetzt werden. Die Verwaltung der Standardvorrichtungen erfolgt im Rechner ähnlich wie die Verwaltung von Standardwerkzeugen und ist bereits Stand der Technik.

Den Ausgangspunkt für das in Bild 61 beschriebene CIM-Konzept bildet ein CAD-System. Mit Hilfe dieses Systems werden in der Produktkonstruktion zunächst die zum Produkt gehörenden Einzelteile konstruiert. Die dabei definierten Daten bilden die Eingangsinformationen für die Arbeitsplanung, NC-Programmierung, Fertigung und die Produktmontage.

Parallel zu dem beschriebenen Datenfluß können die geometrischen Werkstückdaten aus dem CAD-System für die Vorrichtungskonstruktion genutzt werden. Hierzu werden diese Daten, wie bereits beschrieben, an das System FIXPERT übergeben. Zusätzlich werden für die Konstruktion der Baukastenvorrichtungen aber auch Informationen zur Bearbeitungstechnologie benötigt. Diese Daten, wie z. B. Schnittkräfte, können automatisch vom Arbeitsplanungssystem bzw. vom NC-Programmiersystem an das System FIXPERT übergeben werden. Durch die Kopplung der genannten Systeme in einem CIM-Konzept könnte damit die heute notwendige manuelle Eingabe der Bearbeitungsdaten in das System FIXPERT entfallen.

Die mit Hilfe des Systems FIXPERT generierten Vorrichtungsdaten können in mehrfacher Hinsicht genutzt werden. Zunächst lassen sich die Baukastenvorrichtungen im CAD-System darstellen. Hierdurch hat der Vorrichtungskonstrukteur die Möglichkeit zur visuellen Kontrolle der Konstruktionsergebnisse. Er kann z. B. am Bildschirm überprüfen, ob sich das Werkstück in die Vorrichtungen einlegen läßt. Weiterhin können die Vorrichtungsdaten genutzt werden, um Kollisionen der Vorrichtung mit Teilen der Bearbeitungsmaschine oder mit den Bearbeitungswerkzeugen zu ermitteln. Die genannten Kollisionskontrollen setzen jedoch das Vorhandensein der entsprechenden Werkzeug- und Maschinendaten im CAD-System sowie eine enge Kopplung des CAD-Systems zum Arbeitsplanungs- und NC-Programmiersystem voraus.

Weiterhin bilden die CAD-Daten eine gute Basis zur Dokumentation der Vorrichtungen. Da Baukastenvorrichtungen heute in der Regel ohne Rechnerunterstützung konstruiert werden, erfolgt die Dokumentation der Konstruktionsergebnisse in Form von Stücklisten, Handskizzen und Polaroidfotos. Hierdurch ist zum einen die genaue Lage einzelner Vorrichtungselemente vielfach nicht zu erkennen. Zum anderen ist die manuelle Dokumentation gerade bei Konstruktionsänderungen mit einem unverhältnismäßig hohen Aufwand verbunden. Durch die Konstruktion der Baukastenvorrichtung mit Hilfe des Systems FIXPERT und durch die Speicherung der Konstruktionsergebnisse im CAD-System (bzw. in einer dem CAD-System zugeordneten Datenbank) entfällt demgegenüber der größte Teil des sonst notwendigen Dokumentationsaufwands.

Die Nutzung der im System FIXPERT generierten Konstruktionsdaten ist weiterhin für die Montage der Vorrichtungen sinnvoll. Am Lehrstuhl für Werkzeugmaschinen der RWTH Aachen wird ein Expertensystem entwickelt, mit dessen Hilfe die Montageplanung für eine robotergestützte Vorrichtungsmontage durchgeführt werden soll. Durch die Kopplung des Systems FIXPERT mit dem Expertensystem für die Montageplanung und der nachgeordneten Montagestation ist eine weitestgehend automatisierte Erstellung der Vorrichtungen realisierbar. Vergleichbar mit der CIM-Kette im Produktionsbereich kann damit eine CIM-Kette für den Vorrichtungsbereich aufgebaut werden. Neben der Reduzierung von Konstruktions- und Montageaufwänden für die Herstellung der Vorrichtungen dürfte hiermit eine deutliche Reduzierung der Durchlaufzeiten verbunden sein. Da für die Fertigung der Werkstücke Vorrichtungen benötigt werden, hat die Verkürzung der Durchlaufzeiten im Vorrichtungsbereich einen direkten Einfluß auf die Durchlaufzeiten im Produktbereich.

Eine wesentliche Bedingung für die Funktion der CIM-Kette im Vorrichtungsbereich ist die Verfügbarkeit geeigneter Vorrichtungselemente. Je nach Werkstückspektrum kann es erforderlich sein, die auf dem Markt erhältlichen Vorrichtungsbaukästen um zusätzliche Elemente zu ergänzen. Ebenso ist es möglich, durch Spezialelemente die Konstruktion von Vorrichtungen für bestimmte Teilefamilien erheblich zu erleichtern. Ein Beispiel hierfür sind Kombinationselemente, die mehrere Vorrichtungsfunktionen in einem Element verbinden und damit eine schnellere Konstruktion und Montage der Vorrichtungen ermöglichen.

Die Konzeption von Vorrichtungselementen kann mit Hilfe des Systems IDA erfolgen. Durch die Kopplung des Systems IDA an ein CAD-System können zur Konstruktion der Vorrichtungselemente Normteile im CAD-System aufgerufen werden. Hierdurch wird der Entwurf und die Detaillierung der Vorrichtungselemente beschleunigt. Sobald die Detailkonstruktion der Vorrichtungselemente abgeschlossen ist, können die Geometriedaten in die CAD-Datei übertragen werden, die die Beschreibungen der bereits vorhandenen Baukastenelemente enthält. Nach der Fertigung der neuen Vorrichtungselemente können diese dann für zukünftige Vorrichtungskonstruktionen eingesetzt werden. Entsprechend den Eigenschaften der neuen Elemente ist hierzu das System FIXPERT sowie das Expertensystem zur Vorrichtungsmontageplanung um zusätzliches Konstruktions- und Montagewissen zu ergänzen.

In den bisherigen Ausführungen wurde dargestellt, wie die für die Vorrichtungskonstruktion entwickelten Expertensysteme in ein CIM-Konzept integriert werden können. Dabei wurde die Aufgabenverteilung und der Informationsfluß zwischen den Systemen betont. Nachfolgend soll kurz umrissen werden, wie eine Einbindung der Expertensysteme in die EDV-Welt eines Unternehmens erfolgen kann (Bild 62).

Aufgrund der verschiedenen Informationsflüsse zwischen den an der Auftragsabwicklung beteiligten Systemen sind starre Punkt-zu-Punkt-Verbindungen zwischen einzelnen Systemen nicht zu empfehlen. Sinnvoll erscheint die Nutzung eines Local Area Networks (LAN), um zwischen einer beliebigen Anzahl von Systemen wahlfrei Informationen austauschen zu können. Vorausgesetzt, die in Abschnitt 4.4 genannten Netzwerkprotokolle sind auf den Teilsystemen installiert, kann ein LAN zur Einbindung der Expertensysteme in das Gesamtsystem genutzt werden. Hierdurch wird auch der Datenaustausch zwischen einem Expertensystem und mehreren CAD-Systemen bzw. Datenbanken möglich /131-135/.

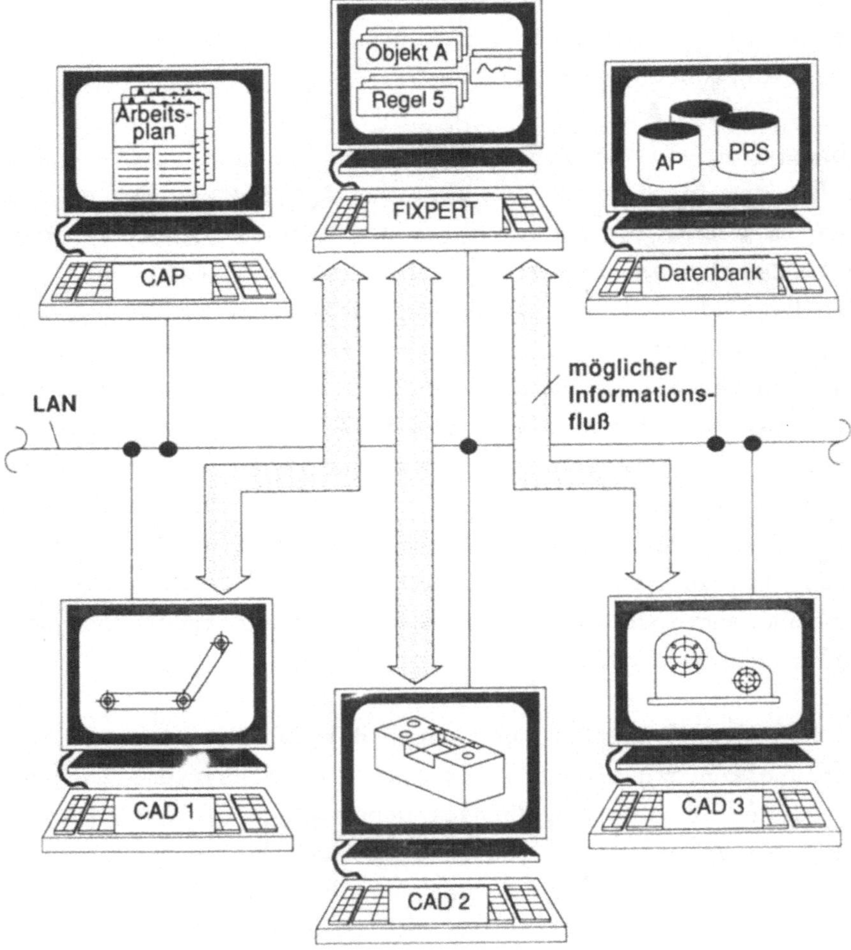

Bild 62: Kommunikation zwischen einem Expertensystem und mehreren CAD-Systemen auf der Basis eines Local Area Networks (LAN)

Diese Vorgehensweise erscheint sinnvoll, da in zahlreichen Unternehmen mehrere CAD-Arbeitsplätze für die Produktkonstruktion eingesetzt werden. Hierbei muß auch berücksichtigt werden, daß für die Produktkonstruktion in der Regel eine wesentlich längere Zeit benötigt wird, als für die mit Hilfe des Expertensystems automatisierte Vorrichtungskonstruktion. Ein Expertensystem kann damit als Servicesystem für die CAD-Arbeitsplätze genutzt werden.

6. Anwendung der entwickelten Methoden außerhalb der Vorrichtungskonstruktion

Sowohl die entwickelten Methoden zur Wissensgewinnung und -repräsentation als auch die Systeme FIXPERT und IDA sind stark elementorientiert. Die Ursachen hierfür liegen darin, daß sich Vorrichtungsfunktionen sehr gut einzelnen Konstruktionselementen zuordnen lassen. Ein weiterer Grund für die Elementorientierung ist die effiziente Beschreibbarkeit von Objekten (wie z. B. Konstruktionselementen) mit Hilfe wissensbasierter Systeme. Vergleichbar mit der geometrischen Beschreibung eines Elementes in einem CAD-System können die Eigenschaften, Einsatzkritierien, Kosten und beliebige weitere Informationen zu einem Objekt in einem Expertensystem dargestellt werden.

Da neben der Vorrichtungskonstruktion auch zahlreiche andere Anwendungsgebiete die elementorientierte Verarbeitung von Wissen bedingen, sind die in den vorherigen Kapiteln beschriebenen Methoden und Systeme grundsätzlich nicht auf die Vorrichtungskonstruktion beschränkt. Bevorzugte Anwendungsbereiche sind Konstruktionsaufgaben, bei denen ein hoher Anteil von Norm- und Zukaufteilen dominiert. Hierzu zählen z. B. die Konstruktion von Werkzeugen, Getrieben oder hydraulischen und pneumatischen Anlagen.

Ein anderes Anwendungsgebiet ist die Angebotsbearbeitung für Maschinen und Anlagen, die nach dem Baukastenprinzip konfiguriert werden. Hierbei besteht das Problem, aus einer Vielzahl von Komponenten diejenigen auszuwählen, die genau die Kundenanforderungen erfüllen.

Neben den individuellen Eigenschaftsprofilen der Komponenten müssen dabei Restriktionen in der Kombinierbarkeit und wechselseitige Abhängigkeiten zwischen einzelnen Bausteinen berücksichtigt werden.

Ein typisches Anwendungsbeispiel aus diesem Bereich ist die kundenspezifische Konfiguration von Etikettendruckmaschinen eines Schweizer Unternehmens. Abhängig vom Produkt, das der Kunde mit der Maschine herstellen will, kann zwischen zahlreichen Druck- und Bearbeitungseinheiten ausgewählt werden. Hinzu kommen Baueinheiten für Nebenfunktionen, wie z. B. das Trocknen des Drucks. In Zusammenarbeit mit dem Hersteller der Druckmaschinen wurde für die Angebotsbearbeitung eine Wissensbasis aufgebaut. Dabei wurde das System IDA als Rahmensystem eingesetzt, das damit nachfolgend als System ISA (Intelligent Sales Assistant) bezeichnet wurde.

Die Arbeitsweise des Systems ist in Bild 63 dargestellt. Den Ausgangspunkt bildet der Kundenwunsch, der durch unterschiedlichste Merkmale, wie z. B. Druckmaterial, erforderlicher Automatisierungsgrad gekennzeichnet ist. Im ersten Arbeitsschritt wird interaktiv mit dem System ISA der Kundenwunsch in Funktionen zerlegt. Hierbei werden alternative Funktionen durch das System vorgegeben, wobei sich die Reihenfolge der Funktionen am Materialdurchlauf in der Druckmaschine orientiert. Begonnen wird mit dem Abwickeln des Druckmaterials, Druck- und Bearbeitungsfunktionen können anschließend folgen. Die Auswahl von Funktionen durch den Kunden wird mit Hilfe von Schlußfolgerungen im Expertensystem ergänzt. Damit werden dann notwendige Nebenfunktionen, die dem Kunden nicht bekannt sind, aufgerufen (Bild 64).

Im nächsten Arbeitsschritt werden die Funktionen der Druckmaschine mit Hilfe von Randbedingungen detailliert spezifiziert. Randbedingungen für die Funktion "Drucken" können z. B. Qualitätsanforderungen, die Druckgeschwindigkeit oder Kostenrestriktionen sein. Ähnlich zur Vorgehensweise bei der Funktionsauswahl wird auch ein Teil der Randbedingungen automatisch im System ISA abgeleitet. Hierbei handelt es sich vorrangig um Randbedingungen, die sich aus bestimmten Funktionskombinationen ergeben.

Der wichtigste Arbeitsschritt beinhaltet nachfolgend die Zuordnung von Baueinheiten zu den vom Kunden gewünschten Funktionen. Die im Rahmen der Wissensgewinnung bestimmten Eigenschaften der Baueinheiten werden mit den Randbedingungen der Funktionen ver-

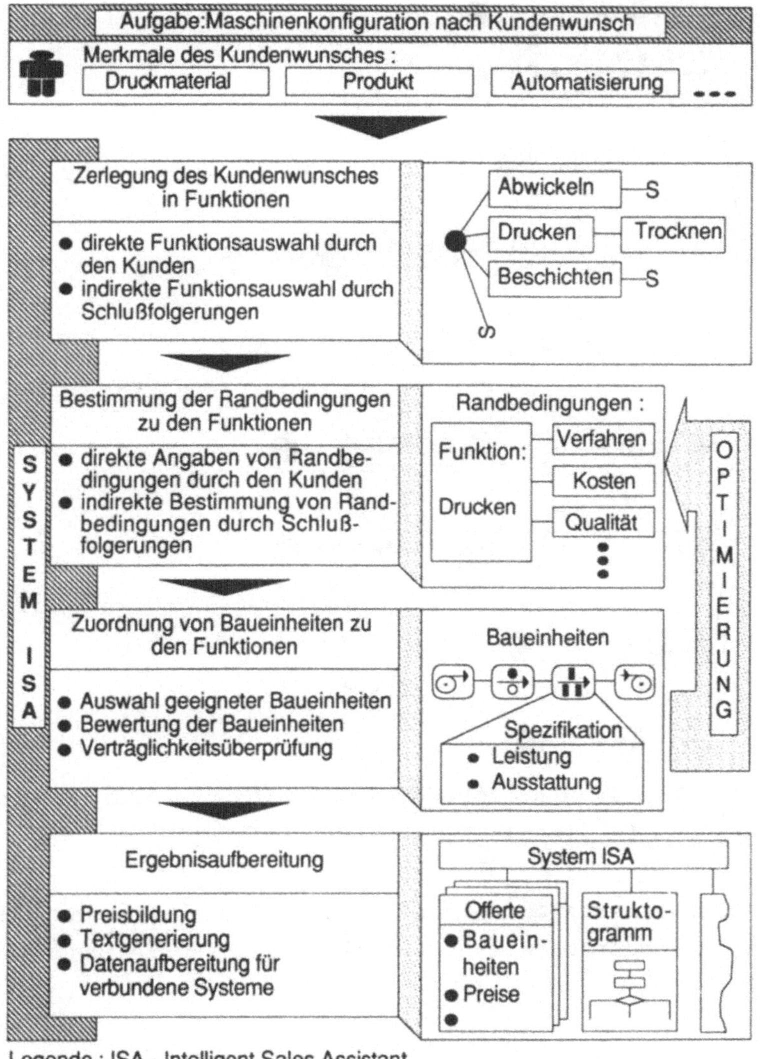

Bild 63: Arbeitsweise des wissensbasierten Systems zur Angebotsbearbeitung

glichen. Nach einer Vorauswahl mit Hilfe von Mußkriterien werden hierzu die verbliebenen Baueinheiten individuell bewertet. Ebenso wird überprüft, ob die ausgewählten Baueinheiten miteinander kombiniert werden können. Ist eine Kombination nicht möglich, werden in Optimierungsschritten solange alternative Lösungen generiert, bis eine schlüssige Gesamtlösung vorliegt. In den Fällen, in de-

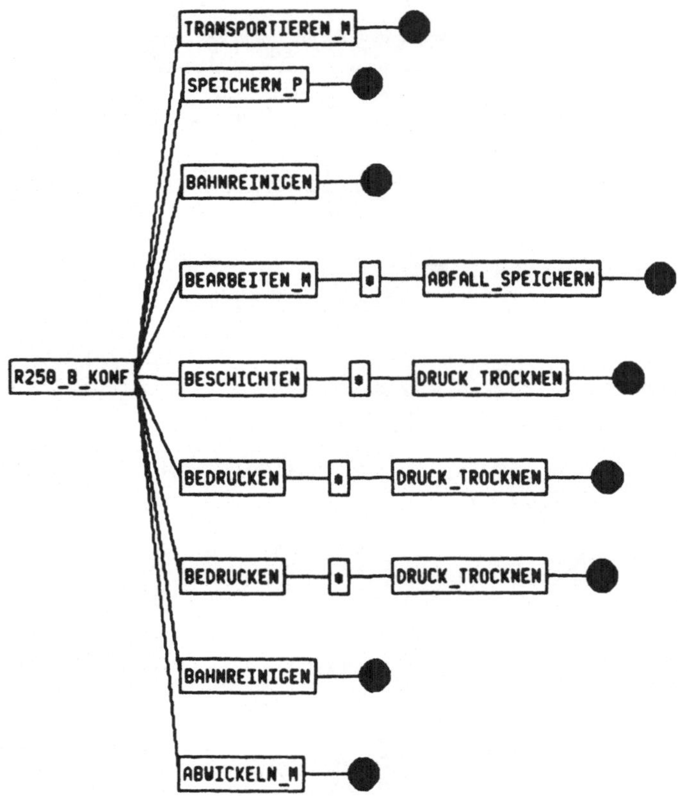

Bild 64: Funktionale Beschreibung des Kundenwunsches mit dem System ISA (Intelligent Sales Assistant)

nen keine Lösung gefunden werden kann, wird der Kunde aufgefordert, seine Anforderungen an die von ihm gewünschte Maschine zu modifizieren.

Das Ergebnis der Maschinenkonfiguration wird grafisch auf dem Bildschirm dargestellt (Bild 65). Zu jeder Maschinenfunktion wird die zu ihrer Realisierung notwendige Baueinheit genannt und zusätzlich durch ein Pictogramm gekennzeichnet. Vergleichbar mit dem System zur Konzeption von Vorrichtungselementen hat der Benutzer auch hier die Möglichkeit, durch "Anklicken" des jeweiligen Lösungskastens alternative Lösungen abzurufen bzw. die ausgewählte Lösung zu verändern.

Für den Einsatz dieses Systems im Unternehmen ist eine weitere Ergebnisaufbereitung denkbar, die bisher jedoch noch nicht reali-

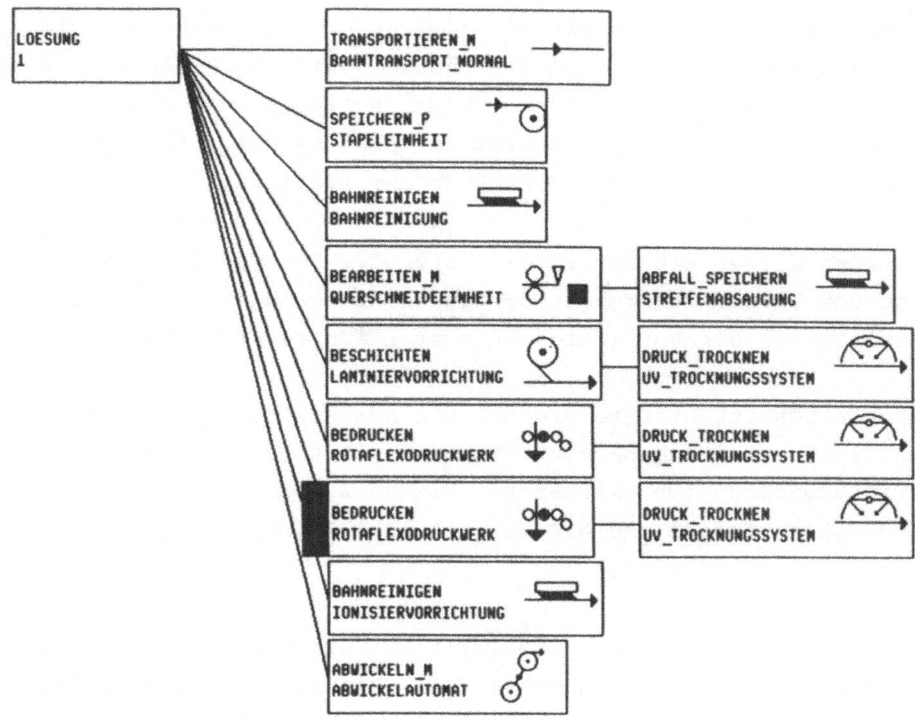

Bild 65: Konfiguration einer Druckmaschine mit Hilfe des Systems ISA

siert wurde. Hierzu zählt besonders die Zuordnung von Preisen und Angebotstexten zu den ausgewählten Lösungen.

Für den Aufbau der Wissensbasis zum System ISA konnten die für die Vorrichtungskonstruktion entwickelten Wissensgewinnungs- und Wissensrepräsentationsmethoden genutzt werden. Das o.g. Beispiel zeigt, daß die im Rahmen dieser Arbeit entwickelten Methoden und Systeme auch auf Bereiche außerhalb der Vorrichtungskonstruktion übertragen werden können. Für die jeweiligen Anwendungsgebiete müssen dann jedoch spezifische Wissensbasen aufgebaut werden.

7. Zusammenfassung

Für die Bereitstellung von Vorrichtungen wird meist eine längere Zeit benötigt als für die Erstellung von NC-Programmen oder die Fertigung der Werkstücke. Daneben führen steigende Anforderungen an die Vorrichtungen sowie eine kürzere Nutzungsdauer der Vorrichtungen zu einem überproportionalen Anstieg der anteiligen Vorrichtungskosten an den Stückkosten der Produkte.

Zielsetzung dieser Arbeit war es, durch die EDV-gestützte Speicherung und Verarbeitung von Konstruktionswissen eine stärkere Automatisierung der Vorrichtungskonstruktion zu erreichen.

Den ersten Schritt bildete hierbei die Analyse des Konstruktionswissens im Vorrichtungsbereich. Es wurde zwischen Wissen zu Konstruktionsobjekten (Objektwissen), Wissen zu Vorgehensweisen (prozedurales Wissen) und Wissen zu Konstruktionsstrategien (Metawissen) unterschieden.

Innerhalb eines zweiten Arbeitsschrittes wurden anschließend Methoden zur Wissensgewinnung entwickelt. Mit Hilfe statistischer Verfahren können z. B. Korrelationen zwischen bestimmten Werkstückmerkmalen und den eingesetzten Vorrichtungselementen ermittelt werden. Demgegenüber gibt die funktionale Analyse einer Vorrichtung Aufschluß über die Grundstruktur der Vorrichtung und die angewandte Konstruktionssystematik. Durch den direkten Vergleich von Konstruktionsalternativen können in differenzierter Form die Vor- und Nachteile einzelner Lösungen bestimmt werden.

Die zur Wissensgewinnung abgeleiteten Methoden wurden nachfolgend hinsichtlich ihrer Effizienz und der erzielbaren Ergebnisse bewertet. Als Ergebnis dieser Bewertung wurde eine Vorgehensweise zur Wissensgewinnung für die Vorrichtungskonstruktion abgeleitet.

Die Repräsentation des Konstruktionswissens im Rechner bildete einen weiteren Schwerpunkt dieser Arbeit. Ausgehend von vorhandenen Grundformen der Wissensrepräsentation wurde eine an die Vorrichtungskonstruktion angepaßte Wissensrepräsentation entwickelt.

Hierbei konnte festgestellt werden, daß ein einziger Formalismus, wie z. B. Regeln, nicht ausreicht, um die Vielschichtigkeit des Konstruktionswissens im Rechner abzubilden. Notwendig ist eine gezielte Kombination von Objektbeschreibungen, Regeln, "Constraints" und Berechnungsalgorithmen. Das Eigenschaftsprofil eines Vorrichtungselementes kann z. B. mit Hilfe eines "Frames" beschrieben werden, während zur Umrechnung der Werkstückkoordinaten in Maschinenkoordinaten Berechnungsalgorithmen geeignet sind.

Die entwickelten Methoden zur Wissensgewinnung und -repräsentation bildeten die Basis für die Realisierung von zwei Prototypsystemen. Hierzu wurde mehrere Jahre mit Unternehmen des Maschinenbaus zusammengearbeitet. Mit Hilfe des Systems IDA (Intelligent Design Assistant) wird die Konzeption standardisierter Vorrichtungselemente nach der morphologischen Methode unterstützt. Darauf aufbauend wurde mit dem System FIXPERT (Fixture Expert) ein System entwickelt, das die automatisierte Konstruktion werkstückspezifischer Baukastenvorrichtungen erlaubt. In der Wissensbasis dieses Systems sind u. a. über 600 Konstruktionsregeln enthalten. Je nach Aufgabenstellung wird mit Hilfe des Systems aus diesen Regeln ein anwendungsspezifischer Lösungsweg abgeleitet. Zur grafischen Darstellung der Werkstücke sowie der generierten Konstruktionsergebnisse wurde das System FIXPERT mit einem 3D-CAD-System gekoppelt. Zusätzlich wurde das CAD-System dahingehend erweitert, daß die Eingabe technologischer Daten zur Beschreibung der Bearbeitungsaufgabe möglich wurde.

Die Entwicklung der o. g. Systeme hat gezeigt, daß die Speicherung und Verarbeitung von komplexem Konstruktionswissen in EDV-Systemen möglich ist. Hierdurch wurde eine erhebliche Reduzierung der Konstruktionszeiten für Vorrichtungen erreicht. Daneben wurde am Beispiel der Angebotsbearbeitung dargestellt, daß die im Rahmen dieser Arbeit entwickelten Methoden auch auf andere Anwendungsgebiete übertragen werden können.

8. Literatur

/1/ Eversheim, W.; König, W.; Weck, M.; Pfeifer, T. — Produktionstechnik - Auf dem Weg zu integrierten Systemen. Aachener Werkzeugmaschinen-Kolloquium, VDI-Verlag, Düsseldorf, 1987

/2/ Förster, H.-U.; Syska, A. — CIM: Schwerpunkte, Trends, Probleme. VDI-Z 127 (1985) 17

/3/ Eversheim, W.; Brachtendorf, Th.; Rozenfeld, H. — CIM - Stand und Entwicklungstendenzen. Industrie-Anzeiger 108 (1986) 20

/4/ Hammer, H. — Flexible Fertigungssysteme in CIM-Lösungen. Zeitschrift für wirtschaftliche Fertigung 81 (1986) 11

/5/ Piegert, P.; Imhof, G.; Ziegert, Ch. — Entwicklungsrichtungen von flexiblen Fertigungssystemen für die Kleinteileherstellung. Fertigungstechnik und Betrieb 34 (1984) 6

/6/ Hellwig, H.E. — CIM - der Schritt nach CAD und CAM - Planung und Verwirklichung der rechnerintegrierten Produktion in drei US-Maschinenbauunternehmen. VDI-Z 127 (1985) 5

/7/ Lock, F. — Entwicklungen bei Betriebsmitteln für Werkzeugmaschinen. VDI-Z 122 (1980) 3

/8/ Cronjäger, L. — Möglichkeiten der Automatisierung im Bereich der Schnittstelle Materialfluß und Fertigung. NRW-Robotertage, Dortmund, 1987

/9/ Erhardt, W. — Rechnerunterstützung im Vorrichtungsbau
Sonderdruck aus Fachberichte für Metallbearbeitung (1985) 7-8

/10/ Tuffentsammer, K.
Oevenscheidt, W.
Reibenwein, V. — Automatisches Beschicken und Spannen
tz für Metallbearbeitung 76 (1982) 1

/11/ Eversheim, W.
Rothenbücher, J.
Neitzel, R. — Effiziente Herstellung von Spannvorrichtungen
wt-Werkstattstechnik 78 (1986) 6

/12/ Schindewolf, S.
Buchberger, D. — Rechnergestützte Planungshilfen für Baukastenvorrichtungen
Werkstatt und Betrieb 121 (1988) 1

/13/ Blümle, R. — Vorrichtungssysteme aus dem Raster-Spannsystem-Baukasten
wt-Z. ind. Fertig. 71 (1981) 11

/14/ Mengemann, D. — Vorrichtungssystem zum verzugsfreien Spannen in CAD-Datei
wt-Z. ind. Fertig. 75 (1985) 9

/15/ Eversheim, W.
Koch, L.F.
Neitzel, R. — Baukastenelemente verbessern Wirtschaftlichkeit - Vorrichtungen speziell für FFS
Industrie-Anzeiger 109 (1987) 75

/16/ Hellwig, H.E.
Paulus, M. — CAD/CAM-Systeme im Maschinenbau
VDI-Z 127 (1986) 19

/17/ Merker, G. — Rechnerunterstützter Konstruktionsprozeß
VDI-Z 128 (1986) 19

/18/ Volger, A.H. Neue Ufer und weiße Flecken - CAD und der Praxis-Einsatz aus der Sicht des Beraters
VDI-Z 128 (1986) 19

/19/ Johnson, R.H. Solid Modelling - A State of the Art Report
Featuring and Evaluation of 29 Commercial Systems, North-Holland, 2nd Edition, 1986

/20/ Dym, C.L. Expert Systems: New Approaches to Computer Aided Engineering
in: Engineering with Computers, Vol. 1 (1985) 1, Springer-Verlag

/21/ Spur, G.
Specht, D. Expertensysteme in der Produktionstechnik
ZwF 81 (1986) 3

/22/ Ehrlenspiel, K.
Figel, K. Applications of Expert Systems in Machine Design
Konstruktion 39 (1987) 7

/23/ Lien, K.
Suzuki, G.
Westerberg, W. The Role of Expert Systems Technology in Design
Carnegie-Mellon-University, Pittsburgh, PA 15213, EDRC-06-13-86, 1986

/24/ Barth, G. Wissensbasierter Ansatz eröffnet neue Wege
Institut für Informatik, Universität Stuttgart, Computerwoche 16, 1987

/25/ Lock, F. Konzeption und Entwicklung von Vorrichtungssystemen für die spanende Fertigung
Dissertation, RWTH Aachen, 1984

/26/ Götz, E. — Flexible Spannvorrichtungen
Technischer Verlag Günther Großmann,
Stuttgart - Vaihingen, 1981

/27/ Autorenkollektiv — Rationelle Vorrichtungskonstruktion -
Methoden und Hilfsmittel
VDI-Verlag, Düsseldorf, 1983

/28/ Frank, H.
Gruber, W. — Die Planung von Vorrichtungen für die
spanende Bearbeitung
Rationalisierungskuratorium der
Deutschen Wirtschaft (RKW) e.V.,
Eschborn, 1983

/29/ Häuser, K. — Mechanische Spannzeuge
Technische Rundschau 1983, Nr. 38

/30/ Eversheim, W.
Lock, F. — Entwicklung eines Vorrichtungsbaukastens
für prismatische Werkstücke mit kleinen
Abmessungen
Forschungsbericht, WZL, RWTH Aachen,
1983

/31/ Eversheim, W.
Bald, H.
Lock, F.
Fürst, A. — Spann- und Positioniersystem für die
Klein- und Mittelserienfertigung auf
NC-Maschinen
KfK-Bericht, 1984

/32/ Tuffentsammer, K.
Götz, E. — Numerisch einstellbare Spanneinrichtungen - Voraussetzung für alternative
Konstruktionskonzepte flexibler Fertigungssysteme
Konstruktion 33 (1981) 7

/33/ Spur, G.
Krause, F.-L.
CAD-Technik
Lehr- und Arbeitsbuch für die Rechnerunterstützung in Konstruktion und Arbeitsplanung
Carl Hanser Verlag, München - Wien, 1984

/34/ Meier, A.
Methoden der grafischen Datenverarbeitung
Leitfäden der angewandten Informatik, Teubner 1986

/35/ Eversheim, W.
Dahl, B.
Schütze, P.
Integrierter Einsatz von CAD/CAM im Werkzeug- und Formenbau der Automobilindustrie
CIM-Management 3/86

/36/ Eversheim, W.
Organisation in der Produktionstechnik
Band 2: Konstruktion
VDI-Verlag, Düsseldorf, 1982

/37/ Buchholz, G.
Funktionsorientiertes Konstruieren mit CAD-Systemen
Dissertation, RWTH Aachen, 1987

/38/ Eversheim, W.
Buchholz, G.
Rechnerunterstützte Konstruktion von Baukastenvorrichtungen
VDI-Z (1987) 11

/39/ Pieperhoff, H.J.
Rechnerunterstützte Konstruktion von Vorrichtungen
Dissertation, RWTH Aachen, 1979

/40/ Watermann, D.A.
A Guide to Expert Systems
Addison Wesley, 1986

/41/ Schnupp, P.
Expertensysteme
State of the Art 1 (1986) 1, Oldenbourg

/42/ Richter, M. M. — Expertensysteme und konventionelle Programme - Unterschiede und Kopplungsprobleme
in: Technologie, Wachstum und Beschäftigung, Hrsg. R. Henn,
Springer-Verlag, 1987

/43/ Marchand, H. — Objektorientierte Wissensdarstellung in industriellen Expertensystemen
Wissensbasierte Systeme, GI-Kongeß 85,
Informatik-Fachberichte 112,
Springer 1985

/44/ Roth, H.
Waterman, D.A. — Building Expert Systems
Addison Wesley, 1983

/45/ Nilsson, N.J. — Principles of Artificial Intelligence
Springer Verlag, 1982

/46/ Bunder, A. — Catalogue a Artificial Intelligence Tools
Springer Serie: Symbolic Computation, 1984

/47/ Lenat, B. — Software für Künstliche Intelligenz
Spektrum der Wissenschaft, November 1984

/48/ Abelson, H.
Sussmann, G.J. — LISP: A Language for Stratified Design
BYTE, Vol. 13 (1988) 2

/49/ Börding, J.
Güsgen,H.W.
Müller, B.
Voß, A. — BABYLON für den Wissensingenieur
Werex Bericht Nr. 20, Gesellschaft für Mathematik und Datenverarbeitung,
Sankt Augustin, 1988

/50/ Hähnscheid, P. — Merkmale dedizierter Symbol-Prozessoren für komplexe Aufgaben der Wissensverarbeitung
Symbolics GmbH, Eschborn, 1987

/51/ Steinberger, G. — 80 Expertensysteme für die Produktion
Mega 3 (1988)

/52/ N. N. — VDI-Richtlinie 2222, Blatt 2:
Konzipieren technischer Produkte
VDI-Verlag, Düsseldorf, 1977

/53/ Dyer, M.G.
Flowers, M.
Hodges, J. — EDISON: An Engineering Design Invention System Operating Naively
in: Artificial Intelligence in Engineering Vol. 1 (1986) 1

/54/ Rosenfeld, L.W.
Belzer, A.P. — Breaking through the Complexity Barrier
... a New Style of Parametric Design
ICAD, Inc., 1000 Massachusetts Ave.,
Cambridge, MA 02138, USA, 1985

/55/ Mather, M.L. — A Knowledge-Based Approach to Preliminary Design Synthesis
EDESYN Department of Civil Engineering,
Carnegie-Mellon-University, 1987

/56/ N. N. — Kupplungsexperte
Informationsschrift des Instituts für Maschinenelemente und Maschinengestaltung der RWTH Aachen, 1986

/57/ Iudica, N.R. — On the Requirements for the Implementation of Knowledge-Based Industrial Planning and Configuration Systems
in: Menges, Expert Systems in Production Engienering, Springer-Verlag, 1987

/58/ Troeder, Ch.
Cierniak, S.
Laschet, A. — Anwendungsmöglichkeiten von Expertensystemen bei der Konstruktion von Maschinen
Fachberichte für Metallbearbeitung,
Vol. 62 (1985) 3 - 4

/59/ Weck, M.
Struck, D.
Konzept einer wissensbasierten Konstruktionsumgebung
HGF 85, Industrie-Anzeiger 33, 1987

/60/ Howe, A.E.
Cohen, P.R.
Dominic: A Domain Independent Program for Mechanical Engineering Design
in: Artificial Intelligence in Engineering, Vol. 1 (1986) 1

/61/ Obermann, K.
CAD/CAM-Expertensystem im Stahl- und Holzbau
Zeichnen (1986) 2

/62/ Spur, G.
Lehmann, C.M.
Wissensbasierter Entwurf von Drehmaschinen
Proceedings zum CAD-Kolloquium des Sonderforschungsbereiches 203, Berlin: 24.-25.11.1986

/63/ Markus, A.
Strategies for the Automated Generation of Modular Fixtures
Computer and Automation Institute, Hungarian Academy of Sciences, Budapest, 1987

/64/ Youcef-Toumi, K.
Adaptable and Modular Fixtures for Flexible Manufacturing Systems
Collegium News, Laboratory for Manufacturing and Productivity, Massachusetts Institute of Technology, May - June, 1986

/65/ Naji, B.O.
Lyu, P.
Alladin, S.
A Framework for a Rule-Based Expert Fixturing System for Face Milling Planar Surfaces on a CAD System Using Flexible Fixtures
Automation and Robotics Laboratory, University of Massachusetts, 1988

/66/ Lim, B.S. — An IKBS for Integrating Component Design to Tool Engineering
Expert Systems, Vol. 4 (1987) 4

/67/ Nee, A.Y.C.
Bhottacharyya, N.
Poo, A.N. — Applying AI in Jigs and Fixture Design
Robotics and Computer Integrated Manufacturing, Vol. 3 (1987) 2

/68/ Spur, G.
Bienert, M.
Lehmann, C.M. — Neue CAD-Systemarchitekturen durch die Kopplung von Wissensverarbeitung und Methoden- und Modellbanksystem
ZwF 83 (1988) 3

/69/ Nottsker, R. — KI verstärkt CAD/CAM
CAD/CAM-Journal 4 (1985)

/70/ Eversheim, W.
Neitzel, R. — The Use of Expert Systems to Support CAD-Systems in Mechanical Engineering
in: Menges (Hrsg.), Expert Systems in Production Engineering,
Springer-Verlag, 1987

/71/ Lebsanft, E. — Entwicklungsmethodik für Expertensysteme
io - Management-Zeitschrift, Zürich, 57 (1988) 2

/72/ Balzert, H. — Die Entwicklung von Softwaresystemen - Prinzipien, Methoden, Sprachen, Werkzeuge
Bibliographisches Institut Mannheim, Wien, Zürich, 1982

/73/ Hart, A. — Knowledge Elicitation: Issues and Methods
Computer Aided Design, Vol. 17 (1985) 9

/74/ Cox, B.J. — Object Oriented Programming - An Evolutionary Approach - Addison Wesley, 1986

/75/ Richter, M.M. — Planung in wissensbasierten Systemen in: Proceedings 2. Internationaler GI-Kongreß über Wissensrepräsentation, Hrsg. W. Brauer und W. Vahlster, Informatikfachberichte 155, 1987

/76/ Keirouz, W.T., Rehak, D.R., Oppenheim, I.J. — Object-Oriented Programming for Computer-Aided Engineering EDRC-12-09-87, Carnegie Mellon University, Engineering Design Research Center, Pittsburgh, USA, 1987

/77/ Kratz, N. — IDA - Ein Expertensystem zur Unterstützung der Konzeptionsphase in der Konstruktion Tagungsband zum Workshop Planen und Konfigurieren, wbk, Universität Karlsruhe, 1987

/78/ Kratz, N. — Ein Ansatz zur Repräsentation von technischen und funktionalen Beziehungen bei der Konstruktion in: Beiträge zum 2. Workshop Planen und Konfigurieren, Hrsg. J. Herzberg, H. Günther, Arbeitspapiere der GMD Nr. 310, Gesellschaft für Mathematik und Datenverarbeitung, St. Augustin, 1988

/79/ Rich, E. — Artificial Intelligence McGraw-Hill, New York, 1983

/80/ Fohmann, L. — Wissenserwerb und maschinelles Lernen Forschungsbericht der Nixdorf Computer AG, Oldenbourg, 1985

/81/ Reiss, G. The Oleophilic Advisor: Knowledge Acquisition, Representation and Control in: Menges, Expert Systems in Production Engineering, Springer-Verlag, 1987

/82/ Scharf, A. Expetensysteme - Repräsentation des Wissens
Hard and Soft, Mai 1987

/83/ Savory, St. Künstliche Intelligenz und Expertensysteme
Forschungsbericht der Nixdorf Computer AG, Oldenbourg, 1985

/84/ Dixon, J.R.
Dym, C.L. Artificial Intelligence and Geometric Reasoning in Manufacturing Technology
Applied Mechanics Reviews Vol. 39, 9, Sept. 1986, ASME Book No. AMRO 11

/85/ Maher, M.L.
Zhao, F. Using Experience to Plan the Synthesis of New Designs
EDRC-12-03-86, September 1986, Department of Civil Engineering, Carnegie Mellon University, Pittsburgh, USA

/86/ Barbuceanu, M. Object-Centered Representation and Reasoning: An Application to Computer Aided Design
SIGART Newsletter, No. 87, pp. 33-39, January 1984

/87/ Rinderle, J.R.
Watton, J.D. Automatic Identification of Critical Design Relationships
International Conference on Engineering Design, ICED 87, Boston, 1987

/88/ Fawcett, W.H. — Design Knowledge in Architectural CAD
Computer Aided Design, Vol. 18 (1986) 2,
Butterworth a. Co.

/89/ Franck, H. — Die Vorrichtungs-Kennziffer
AV 20 (1983) 4

/90/ Eversheim, W.
Lock, F. — Use of Multivariate Statistical Methods for Application of Group Technology in Design and Planning Departments
CIRP-Annals 33/1, 1984

/91/ Bamberg, G.
Baur, F. — Statistik
Oldenbourg Verlag, München, 1980

/92/ Hartung, J.
Elpelt, B. — Multivariate Statistik - Lehr- und Handbuch der angewandten Statistik
Oldenbourg Verlag, 1986

/93/ Bollinger, G.
Herrmann, A.
Möntmann, V. — BMDP - Statistische Programme für die Bio-, Human- und Sozialwissenschaften
Gustav Fischer Verlag, Stuttgart, 1983

/94/ Eckes, T.
Roßbach, H. — Clusteranalysen
Stuttgart, 1980

/95/ Scott, M.S.
Anderson, D.C. — Functional Specification for CAD Databases
Computer Aided Design, Vol. 18 (1986) 3,
Butterworth a.Co.

/96/ Rodenacker, W.G. — Methodisches Konstruieren
Springer Verlag, Berlin, Heidelberg, New York, 3. Aufl., 1985

/97/ Roth, K.-H. — Grundlagen methodischen Vorgehens beim Konstruieren
VDI-Verlag, VDI-Berichte Nr. 347, Düsseldorf, 1979

/98/ Mengemann, P. Vorrichtungssystem zum verzugsfreien Spannen
wt-Z. ind. Fertig. 71 (1981) 9

/99/ Hübner, R. Hydraulisches Spannen in der spanenden Fertigung
wt-Z. ind. Fertig. 71 (1981) 11

/100/ Rümmler, G. Regeln zur Festlegung von Bestimmflächen
Fertigungstechnik und Betrieb
34 (1984) 1

/101/ Autorenkollektiv Vorrichtungen
VEB Verlag Technik, Berlin, 1980

/102/ Berwick, R. The Acquisition of Syntactic Knowledge
The MIT Press, London, 1985

/103/ Winston Artificial Intelligence
Addison Wesley Publishing Company, 1984

/104/ Dittrich, K.R. Lorie, R.A. Object-Oriented Database Concepts for Engineering Databases
IBM Research Report RJ 4691,
San Jose, Californien, 1985

/105/ Sowa, F. Conceptual Structures
Addison Wesley, 1984

/106/ Zuffante, R.P., Gossard, D.C. Sakurai, H. Representing Dimensions, Tolerances and Features in MCAE Systems
Massachusetts Institute of Technology, 1987

/107/ Dilger, W. Constraint-Systeme
Vorlesungsumdruck der Universität Kaiserslautern, Fraunhofer-Institut für Informations- und Datenverarbeitung, 1987

/108/ Feulner, J. Hydraulisches Abstützen bei der Werkstückbearbeitung
wt.-Z. ind. Fertig. 71 (1981) 11

/109/ Matek, W.
Muhs, D. Maschinenelemente
Normung - Berechnung - Gestaltung,
9. Aufl., Friedr. Vieweg & Sohn, 1984

/110/ Winston, P.H.
Horn,B.K.P. LISP
Addison Wesley 1984

/111/ Stoyan, H.
Görz, G. LISP. Eine Einführung in die Programmierung
Springer-Verlag, Berlin, 1984

/112/ Clocksin, W.F.
Melish, C.S. Programming in Prolog
Springer-Verlag, Berlin, Heidelberg,
New York, 1984

/113/ Bobrow, D.H. Common Loops: Merging Common Lisp and
Object-Oriented Programming,
Technical Report ISL-85-8, 1985,
Xerox Palo Alto Research Center (PARC),
Palo Alto, Californien

/114/ Goldberg, A. SMALLTALK-80
The Interactive Programming Environment
Addison Wesley, 1984

/115/ Brownston, L.
Farrell, R.
Kant, E.
Martin, N. Programming Expert Systems in OPS5
An Introduction to Rule-Based Programming
Addison Wesley, 1985

/116/ N. N. NEXPERT OBJECT - Entwicklungswerkzeug
für Expertensysteme
Nexus GmbH, Dortmund, 1988

/117/ IntelliCorp — The Knowledge Engineering Environment
Produktbeschreibung der Intellicorp GmbH, 1988

/118/ Christaller, T.
Groß, E.
Walther, J. — Spezifikation und Konstruktion von BABYLON
Werex Bericht Nr. 17, Gesellschaft für Mathematik und Datenverarbeitung, St. Augustin, 1988

/119/ Uthmann, Th.
Rome, E. — KI-Workstations: Übersicht, Marktsituation, Entwicklungstrends
GMD-Studie Nr. 118, Gesellschaft für Mathematik und Datenverarbeitung, St. Augustin, 1987

/120/ Stoyan, H.
Wedekind, H. — Objektorientierte Software- und Hardwarearchitekturen
Teubner Verlag, Stuttgart, 1983

/121/ Symbolics — Windows and Flavors (Manual)
Symbolics Inc., Cambridge, Massachusetts, USA, 1987

/122/ Eversheim, W.
Neitzel, R. — Ein Expertensystem für die Vorrichtungskonstruktion
Konstruktion Heft 3, 1988

/123/ Koller, R. — Entwicklung und Systematik von Baureihen und Typengruppen - Ein Beitrag zur Konstruktionsmethodik
Vorträge zur ICED in Hamburg, Heuristika Verlag, Zürich, 1985

/124/ Koller, R. — Konstruktionslehre für den Maschinenbau
Springer Verlag, Berlin, Heidelberg, New York, Tokyo, 2. Aufl., 1985

/125/ Vandamme, F.
Vervenne, D.
Man-Machine Interface of Expert Systems in: Menges, Expert Systems in Production Engineering, Springer-Verlag, 1987

/126/ Pfaff, G.E.
User Interface Management Systems Springer Verlag, 1983

/127/ Bechlars, J.
Buhtz, R.
GKS in der Praxis Springer Verlag, 1986

/128/ Enderle, G.
Kansy, K.
Computer Graphics Programming GKS - The Graphics Standard Springer-Verlag, 1984

/129/ Eversheim, W.
Neitzel, R.
CAD-Expertensystem-Kopplung in der Konstruktion in: VDI-Bericht 723, Informatik für die industrielle Automation, INFINA '89, VDI-Verlag, 1989

/130/ Eversheim, W.
Neitzel, R.
CAD-Expertensystem-Kopplung - Wissensbasierte Konstruktion von Baukastenvorrichtungen Industrie-Anzeiger 23, Jg. 110 (1988)

/131/ Rehak, D.R.
Howard, H.C.
Interfacing Expert Systems with Design Databases in Integrated CAD-Systems Computer Aided Design, Vol. 17 (1985) 9

/132/ Dieterle, G.
Inhausnetze - Local Area Networks (LAN) Datakontex-Verlag, 1985

/133/ Chylla, P.
Hegering, H.G.
Ethernet-LAN's Datacom-Buchverlag, 1987

/134/ Dückers, T.
Jansen, O.
TCP/IP-Protokolle Datacom (1986) 2

/135/ Grabowski, H.
Glatz, R.
Schnittstellen zum Austausch produktdefinierender Daten
VDI-Z, Bd. 128 (1986) 10

/136/ Weck, M.
Datenaustausch als Voraussetzung für die Integration
Kongreßbeitrag "Mit LAN über MAP zu integrierten Produktionssystemen", Hannover, 1987

/137/ Becker, H.
Informationsverarbeitung und Datenkommunikation - Übergang von Insellösungen zur rechnerintegrierten Produktion
VDI-Z 127 (1985) 22

/138/ Hellwig, H.E.
Paulus, M.
Informationsverteilung in integrierten Produktionssystemen
VDI-Z 127 (1986) 1/2

/139/ Eversheim, W.
Neitzel, R.
Expert Systems for Flexible Manufacturing
in: Milacic (Hrsg.), Intelligent Manufacturing Systems II, Elsevier, 1988

/140/ Eversheim, W.
Neitzel, R.
Present Restrictions in Industrial Application of AI-Techniques
Annals of the CIRP, Vol. 35/2, 1986

/141/ Lindsay, K.J.
Expert Systems in the CIM-Environment
Manufacturing Technology International, Sterling Publications, 1987

/142/ Brown, D.C.
Failure Handling in a Design Expert System
Computer Aided Design, Vol. 17 (1985) 9, Butterworth a. Co.

/135/ Grabowski, H. Glatz, R. — Schnittstellen zum Austausch produktdefinierender Daten VDI-Z, Bd. 128 (1986) 10

/136/ Weck, M. — Datenaustausch als Voraussetzung für die Integration Kongreßbeitrag "Mit LAN über MAP zu integrierten Produktionssystemen", Hannover, 1987

/137/ Becker, H. — Informationsverarbeitung und Datenkommunikation - Übergang von Insellösungen zur rechnerintegrierten Produktion VDI-Z 127 (1985) 22

/138/ Hellwig, H.E. Paulus, M. — Informationsverteilung in integrierten Produktionssystemen VDI-Z 127 (1986) 1/2

/139/ Eversheim, W. Neitzel, R. — Expert Systems for Flexible Manufacturing in: Milacic (Hrsg.), Intelligent Manufacturing Systems II, Elsevier, 1988

/140/ Eversheim, W. Neitzel, R. — Present Restrictions in Industrial Application of AI-Techniques Annals of the CIRP, Vol. 35/2, 1986

/141/ Lindsay, K.J. — Expert Systems in the CIM-Environment Manufacturing Technology International, Sterling Publications, 1987

/142/ Brown, D.C. — Failure Handling in a Design Expert System Computer Aided Design, Vol. 17 (1985) 9, Butterworth a. Co.